逻辑女孩

李万中·著
苏宇 刘恬媛·插画
阳志平·主编

论辩篇：
我们是如何变得更聪明的？

電子工業出版社
Publishing House of Electronics Industry
北京·BEIJING

未经许可，不得以任何方式复制或抄袭本书之部分或全部内容。
版权所有，侵权必究。

图书在版编目（CIP）数据

逻辑女孩. 论辩篇：我们是如何变得更聪明的？/ 李万中著；阳志平主编. —北京：电子工业出版社，2023.5

ISBN 978-7-121-45337-3

Ⅰ. ①逻⋯ Ⅱ. ①李⋯ ②阳⋯ Ⅲ. ①逻辑学－青少年读物
Ⅳ. ① B81-49

中国国家版本馆 CIP 数据核字（2023）第 055597 号

责任编辑：李 影 liying@phei.com.cn
印　　刷：三河市良远印务有限公司
装　　订：三河市良远印务有限公司
出版发行：电子工业出版社
　　　　　北京市海淀区万寿路 173 信箱　邮编：100036
开　　本：880×1230 1/32 印张：9.375 字数：225 千字
版　　次：2023 年 5 月第 1 版
印　　次：2023 年 5 月第 1 次印刷
定　　价：68.00 元

凡所购买电子工业出版社图书有缺损问题，请向购买书店调换。若书店售缺，请与本社发行部联系，联系及邮购电话：（010）88254888，88258888。
质量投诉请发邮件至 zlts@phei.com.cn，盗版侵权举报请发邮件至 dbqq@phei.com.cn。
本书咨询联系方式：（010）88254210，influence@phei.com.cn，微信号：yingxianglibook。

给逻辑学一点"颜色"

今天是三月十五号。北京时间凌晨,世界发生了一件大事:OpenAI公司开发的 GPT-4 正式发布。GPT-4 是什么呢?它是一个大型的人工智能模型,可以接受图像和文本输入,输出文本。在很多专业与学术领域的流行考试中,GPT-4 都表现出与人类相近的水准。例如,在美国律师资格考试、GRE 考试中,GPT-4 都取得了高分。

然而,很少有人知道,今天 GPT-4 这类引人注目的成果与一位女性有关。她就是玛格丽特·马斯特曼(Margaret Masterman,1910—1986)。维特根斯坦于 1933—1934 年在剑桥大学讲授《逻辑哲学论》时,她正是课堂上听讲的六位学生之一。

她的职业生涯早期在逻辑学、语言学与机器翻译领域都取得了杰出成就。她创办的英国剑桥大学语言研究中心的影响一直持续至今,成为计算语言学重镇。而今天 GPT-4 这类成果,都是建立在计算语言学基础之上的。

马斯特曼领先时代的思想在今天几乎无人知晓。我相信即使是人工智能、计算语言学领域的从业者，也许都是第一次听说她的名字。而与她同时代的罗素、维特根斯坦却声名显赫，流传至今。

其实，不仅仅是马斯特曼，那些被历史遗留的女性逻辑学家不在少数。

克里斯蒂娜·拉德-富兰克林（Christine Ladd-Franklin，1847—1930），是世界上第一位荣获数学和逻辑学博士学位的女性，更是世界上第一位在《数学年鉴》（*Annals of Mathematics*，当时名为 *Analyst*）上发表论文的女性。比她小 25 岁的罗素称她为"著名逻辑学家"。教学相长，她的逻辑学研究亦影响了自己老师查尔斯·皮尔士（Charles Peirce，1839—1914）的逻辑学思想。然而，今天，有谁听说过她的名字？更不用说铭记她在逻辑学领域做的贡献了。

比拉德-富兰克林小一岁的康斯坦斯·琼斯（Constance Jones，1848—1922）也是一位被历史遗忘的逻辑学家。她的重要著作《新思维法则及其逻辑意义》于 1911 年出版，在这本书中，她更清晰地区分了内涵与外延，从而提出了"每个肯定命题都断言，每个否定命题都否认同一事物的统一体中不同属性的结合"这一思想。

这样的名单，我们还可以无限地列下去——苏珊·斯特宾（Susan Stebbing，1885—1943）享有广泛声誉的《现代逻辑导论》；露丝·巴肯·马库斯（Ruth Barcan Marcus，1921—2012）在模态逻辑学领域的贡献；苏珊·哈克（Susan Haack，1945—）推动了逻辑哲学、认识论、科学哲学等领域的发展等。

你看，历史与文化就像一个充满偏见的传话筒，将这些取得杰出成就的女性逻辑学家的声音人为缩小了。慢慢地，你就像社会上大多数人的认识一样：逻辑学？这不是那些极品宅男才喜欢的玩意吗？我一个女生，为什么要去学习逻辑学？

其实，用严复的话来说，逻辑学是一切法之法，一切学之学。逻辑学，就像我们天天在使用的语言，离不开。显然，一个更懂得说话的人，也就更容易活得自如。同样，在日常生活中，一个更懂逻辑学的人，也更容易明辨是非、与人相处。

传统的逻辑学著作，就像一个颜色单调的世界，只能看到男性喜欢的颜色，以灰色、青色、蓝色为主。而今天的逻辑学世界，不应这样。它应该充满更多活泼可爱的女孩子也喜欢的颜色，比如粉色、绿色、桃红色等。

幸好，以善于思辨著称的逻辑学家们，也发现了逻辑学过于男性这一问题。从2017年开始举办第一届"逻辑学中的女性"国际研讨会，而2023年，第七届研讨会即将在意大利罗马举办。同样，逻辑学界强调女性主义或性别意识的论文逐步增加。而《逻辑女孩》一书正是这种趋势的体现，书中的李呦呦聪明博学，拥有很强的推理能力和论辩能力，让读者看到女性的多面性。作者李万中在国内率先通过对话、故事这样新鲜的形式，来传播逻辑学知识。我相信将帮助更多的人推开逻辑学的大门。

越来越多的女孩子正像马斯特曼、拉德－富兰克林、康斯坦斯·琼斯、苏珊·斯特宾、马库斯、哈克一样，开始爱上逻辑学。

无论女孩还是男孩，我相信，当越来越多的人谈吐做事，富有逻辑，那么这个世界将会变得更为美好。现在，让我们一起享受来自逻辑学的乐趣吧。

阳志平

安人心智董事长

"心智工具箱"公众号作者

2023 年春于北京东直门

目录

第一章　逻辑推理：16，22，28　/001

第二章　问题与答案：你想知道什么？　/027

第三章　语言与思想：这是什么意思？　/061

第四章　真理与论证：事实究竟如何？　/095

第五章　价值与偏爱：哪个更加重要？　/131

第六章　策略与行动：我们该怎么做？　/171

第七章　错误与误导：如何避免逻辑谬误？　/205

第八章　辩论与探究：超人的存在对于社会是
　　　　利大于弊还是弊大于利？　/245

第九章　反思与成长：我们是如何变得更聪明的？　/273

后记　/285

致谢　/287

参考文献与推荐阅读　/289

第一章

逻辑推理：

16、22、28

9月16日，星期五，傍晚

放学后，陆媛媛吃着冰激凌，走在回家的路上。她一边看手里的辩论社入社申请书，一边回想下午学校社团招新的情景，嘴角微微翘起。

当时，一位学长拦下了正在东张西望的陆媛媛，滔滔不绝地向她讲起辩论社的各项活动，热情地邀请她加入。此时，陆媛媛已经记不清学长具体说了什么，只记得学长十分帅气，在向她解释什么是逻辑的时候无比耐心。

口袋里的振动打断了她的回忆，她拿起手机一看，是妈妈，"妈，什么事啊？我快到家啦。"

妈妈："团子，呦呦回来了，你去买点水果，我们一起去看看她。"

陆媛媛赶紧关掉免提，把手机拿到耳边："呦呦姐回国了？之前不是说她要明年才回来吗？怎么现在就回来了？还有，不要叫我'团子'，万一被同学听到怎么办？好不容易上了高中，总算可以摆脱这个绰号了。"

陆嫒嫒小时候长得圆滚滚的,名字又和"圆圆"同音,小伙伴们就给她取了个"胖团子"的绰号。不过,上初中后,她长高了不少,也变苗条了。同学们就把"胖"字省略,只叫她"团子"了。嫒嫒的爸妈觉得"团子"这个昵称很可爱,也就这么叫她了。如今16岁的嫒嫒长成一个亭亭玉立的少女,虽然和"团子"这个绰号不搭,但大家都不习惯改口。

陆嫒嫒的妈妈听着女儿小心翼翼的声音,笑着说:"我家的小团子啊,这才开学两个星期,是不是看上哪个男生了?平常都不介意我们叫你团子的。"

陆嫒嫒像是被戳中了心事,心虚地说:"哪有啊。不跟你说了,我要挂了。"

妈妈说:"好啦。记得买水果,然后别去隔壁,先回家。我有话要跟你说。"

隔壁家的姐姐叫李呦呦,比嫒嫒大12岁,在嫒嫒小的时候还照顾过她。李呦呦的名字来自《诗经》里的"呦呦鹿鸣,食野之苹",于是嫒嫒一直叫她"小鹿姐姐"。李呦呦从小就是学霸,中学时成绩在市里数一数二,本科在国内最好的大学读书,拿到了心理学和哲学双学位,研究生阶段去了国外,读逻辑学。这次回来,大概已经拿到了博士学位,准备回国工作了吧,陆嫒嫒猜想。

可是,听妈妈在电话里的语气,陆嫒嫒觉得妈妈要跟自己说的不是什么好事情。她三两口吃完冰激凌,赶紧折回超市买了草莓和香蕉,小跑回了家。

妈妈让媛媛先把水果放下，慢慢跟她说："呦呦这个孩子，真是可怜。她妈在电话里跟我说，呦呦和她刚结婚的丈夫在国外出了车祸。丈夫当场就没了。呦呦倒是侥幸活了下来，身体没什么大碍。你待会儿去陪陪她。"

陆媛媛听了妈妈的话，立马答应下来，但又不知道待会见了小鹿姐姐该说些什么。她问妈妈："之前不是说，小鹿姐姐准备留在国外工作吗？怎么回国了？"

妈妈说："你还小，没经历过类似的事，难以体会别人的苦。她和丈夫感情那么好，现在丈夫没了，留在国外，睹物思情，对身体不好。回国换个环境也好。"

陆媛媛觉得妈妈说得很有道理，她说："那我们等会儿就去看她吧。"

在陆媛媛心中，李呦呦一直是那个"别人家的孩子"，学习成绩好，人长得漂亮，心地善良，样样都比自己优秀。不过，陆媛媛从不嫉妒李呦呦，在李呦呦面前，也从不感到自卑。这是因为爸妈从没有拿自己和李呦呦对比。而且，李呦呦对陆媛媛特别好，几乎是有求必应。小时候，陆媛媛胆子小，看了恐怖片后，晚上怕黑、怕鬼、怕怪物，怕得睡不着时，都是小鹿姐姐陪着她。两人睡在一个被窝里，媛媛要抱着呦呦的胳膊，才能慢慢睡着。

妈妈让媛媛先换身衣服，洗把脸再过去。她心里想，媛媛一直无忧无虑,"没心没肺",肯定不知道怎么安慰别人。不过,媛媛和呦呦这两个孩子,感情一直很好,让两人见一见,说说话也好。

陆媛媛和妈妈提着两袋水果,来到隔壁。李呦呦的爸妈都去外地出差了,家里只有李呦呦,不过这会儿陈谋也在。

陈谋这个人其貌不扬、性格内向,朋友很少。他住在陆媛媛家楼上,比媛媛大 6 岁。小时候,陆媛媛的爸妈常常出差,在李呦呦学业繁忙的时候,陈谋也会帮忙照顾媛媛。今年大学毕业后,陈谋就一直在找工作。几个月下来,投了无数简历,参加了好多次笔试和面试,硬是没有找到满意的工作。陆媛媛一直管陈谋叫"小牛哥哥",估计是因为"谋"字读起来像"哞哞"的牛叫声。

陆媛媛说:"小牛哥哥,你也在这里啊。找到工作没?"

陈谋在大二的时候被诊断出抑郁症,虽然一直在吃药,但病情却不断反复,没能彻底好起来。他能毕业已经是有点勉强了,好在父母也不给他什么压力。最近,他一直宅在家里,不是上网打游戏,就是泡在各个网络论坛上,整日挑起各种"论战"。虽然现实生活中朋友不多,但在网络上,他可是小有名气的游戏高手呢。

陈谋说:"还没呢。团子你好久没见小鹿姐姐了,怎么不和人家打个招呼?"

李呦呦走到陆媛媛跟前,揉着她的头发,笑着说:"一年多没见,团子你好像又长高了一点。有一米五了吗?"

听了李呦呦的话，陈谋也笑了起来。陆媛媛鼓起腮帮子，嘟着嘴说："你们就知道笑话我。我一年多只长了两厘米，现在刚好一米五，以后估计也没得长了。"

陈谋身高 1.7 米，在男孩中不算高。李呦呦身高 1.78 米，算是女孩中的高个子了。她摸了摸陆媛媛的头，让媛媛自己去零食柜和冰箱里找吃的。

陆媛媛的妈妈说："团子，别吃太多了。我现在就去做饭。呦呦、陈谋，你们俩等会儿一起来我家吃吧。"

陈谋点了点头，李呦呦说："好的，阿姨。我们等会儿就来。"

妈妈走后，媛媛拿了三瓶可乐，坐到了桌边："小鹿姐姐，我妈让我来看看你。她说你的状态不太好。"

在媛媛还小的时候，李呦呦就没有把她当作不懂事的小孩子。这次也一样。她不准备糊弄过去，而是决定坦诚地向媛媛表露自己的想法和感受："比起最好的时候，我现在状态是不太好。不过，事情已经过去 3 个月了，我现在已经好多了。"

李呦呦虽然嘴上说自己没事，语气里却有些故作坚强。陈谋故意岔开话题说："呦呦姐，你这次回来，是准备长期留在这里了吗？"

李呦呦："是的。我准备留在国内工作了。"

陈谋："去哪里工作？学校吗？"

第一章 逻辑推理：16, 22, 28

李呦呦摇摇头，说："之前准备去学校找个教学和研究的工作，现在我决定先继续做视频，还有播客。"

听到不熟悉的新词，陆媛媛好奇地问："做什么视频？播客是什么？"

李呦呦说："科普类的视频，关于逻辑、数学、哲学以及科学的。播客类似电台节目，就是没有画面，只有声音。你可以在手机上下载相应的软件，然后就能收听节目了，就像收音机。"

陈谋喜欢看游戏类的视频，自己也曾做过几期，但因为没什么人看，也就没有继续做了。他问："现在还有人听播客吗？"

陆媛媛也觉得做播客不像有前途的事业，她说："我和同学都没有听说过播客。"

李呦呦耐心地解释道："因为你们俩一直在上学，还没有工作。很多工作了的人，会在上下班或做家务的时候，听一听播客。"

陆媛媛问："那为什么不看视频呢？"

陈谋说："因为眼睛要用来干别的事啊，比如开车、洗碗……"

李呦呦点点头，说："有些时候，没有画面的干扰，我们更能听懂别人在说些什么。就像有些时候，我们阅读小说，会比看小说改编的电影更容易读懂故事里的人物。"

说到这里，李呦呦回想起多年前的情景。那时她和男友一起做播客，播客名叫 *From a Logical Point of View*，这是一首歌的名字，也是一本书的名字。他俩会从逻辑的角度讨论各种问题，从生活到学术，从哲学到计算机科学，无所不谈。几年下来，播客已经有5000多人订阅。这次回国，她要学会适应很多改变。不仅是从说英语改成说汉语，更重要的是从两人对话变成单人独白。

陆媛媛和陈谋看着李呦呦落寞的表情，有点猜中了呦呦在想些什么。陆媛媛说："那我们一起做播客，小牛哥哥也一起来吧。对了，播客要怎么做啊？"

陈谋同意了，反正现在闲着也是闲着。不过，虽然媛媛很有热情，但李呦呦不打算立刻答应。她想做的是知识型的播客，而媛媛还小，还没读大学，没有多少知识储备。陈谋虽然大学毕业了，但学业成绩一直不理想，恐怕也不能指望他输出一些知识。

于是，李呦呦说："做播客不是一件简单的事情。我们要保质保量地完成节目内容，不能中途放弃。而且，播客不是三个人随便聊天，而是要让收听节目的人觉得这个节目很有价值，不仅自己愿意听，还愿意推荐别人来听。"

陈谋喝了口可乐，问道："怎么才能让人觉得有价值？"

李呦呦说："可以是内容非常有趣，就像玩游戏、看电影一样，一点也不想停下来。也可以是让人觉得内容很有用，自己学到了一些新东西，消除了一些困惑，增长了知识和技能。"

陆媛媛问："就像你们以前给我补习一样？"

李呦呦想了想,说:"是的。我们给你补习功课,让你能更好地掌握学校里教的知识,考个更高的分数。这也算是一种价值。不过,我打算做的播客并不是关于英语、数学、物理等学校里教的科目的,而是关于逻辑学的。我想要给大家提供的价值,也不只是考个更高的分数,而是让大家变得更擅长思考。"

"逻辑"这个词,陆媛媛今天下午才听那位辩论社的学长提起过。她不知道逻辑学是什么,只是隐约觉得,"逻辑"是一个夸人的词。说一个人懂逻辑,就是说这个人很聪明,很擅长思考,说起话来头头是道。在她心中,小鹿姐姐和小牛哥哥都是懂逻辑的人。那位学长应该也是懂逻辑的人。

陆媛媛歪着头,问:"逻辑学有趣吗?有用吗?学习逻辑学是不是能让人变得更擅长辩论?"

听陆媛媛说起自己擅长的话题,李呦呦慢悠悠地说:"有些人觉得很无趣,但我觉得很有趣。而且,逻辑学非常有用。让人变得更擅长辩论,这只是逻辑学的用处之一。更重要的是,**学习逻辑学能让我们更擅长推理。**"

一提到推理,陆媛媛和陈谋立刻想到福尔摩斯那样的侦探。侦探会运用聪明的头脑,察觉普通人难以发现的蛛丝马迹,找出犯人的犯罪手法和动机,最终查明真正的犯人。

陆媛媛惊叹:"那太好了!我也想学习逻辑学,我想成为大侦探福尔摩斯那样的推理高手。"

不过，陈谋不认为逻辑学对于推理有什么用。他以怀疑的语气说："逻辑学真的能让我们更擅长推理吗？福尔摩斯之所以做出好的推理，主要归功于他丰富的知识和敏锐的观察能力吧？比如，福尔摩斯会去观察地板上的脚印，能从脚印中的泥土颜色判断出留下脚印的人之前去过哪里。这又是因为，福尔摩斯知道附近各处土壤的颜色。福尔摩斯还知道各种东西的气味，知道常见的犯罪手法和动机。福尔摩斯之所以比别的侦探更强，应该是因为他知道得更多，而不是推理能力更强吧？"

正当李呦呦想要回应陈谋的观点时，陆媛媛的妈妈来叫她们去吃饭了。

李呦呦想了想，说："我们吃完饭再继续聊。我突然想到了一些播客计划，可以让咱们三个人都参与进来，每个人都有各自的任务。我觉得，你们都会喜欢，而且听众也会很有收获。"

三人去媛媛家吃过饭，陈谋和李呦呦正要帮忙洗碗，媛媛妈妈却阻止了李呦呦："呦呦你先回房里忙吧，我们家的碗可不够打了。"

李呦呦顿时羞红了脸，说："阿姨，那都是好多年前的事情了。我好久都没有打碎碗啦。"

陆媛媛说："哦？为什么啊？"

李呦呦说："我现在都是用金属碗。"

陈谋洗着碗说："媛媛，你陪呦呦姐先回屋里准备一下，我很快就过去。"

陆媛媛拉着李呦呦回到了她的房间里，呦呦拿出一台掉漆严重的笔记本电脑，像是准备记录些什么。

等陈谋回来后，李呦呦摆开要打字的架势，问道："之前我们说到哪儿了？"

陆媛媛说："小牛哥哥说，逻辑学不能让人变得更擅长推理。福尔摩斯之所以比别的侦探更优秀，是因为他有更丰富的知识和经验，而不是更强的推理能力。"

陈谋点点头。

李呦呦说："团子，你之前是不是还提到了辩论？"

陆媛媛好像有点脸红，她说："是的。我想加入学校里的辩论社，参加辩论赛。"

陈谋没有参加过辩论赛，但他对自己的辩论水平颇为自信，因为他经常在网上"大杀四方"，把别人辩得哑口无言。他问："团子，你怎么突然对辩论感兴趣了？"

陆媛媛立刻说："我一直就很感兴趣的。"

李呦呦摸了摸陆媛媛的头，说："其实，我和陈谋刚刚就是在辩论。辩题是'学逻辑学能否让人更擅长推理？'我是正方，我支持的结论是'学逻辑学能让人更擅长推理'。陈谋是反方，他支持的结论是'学逻辑学不能让人更擅长推理'。团子，你想要加入正方还是反方？"

> **辩题：** 学逻辑学是否能让人更擅长推理？

陆媛媛想了想，摇着头说："我不知道。我想不出到底是正方更合理，还是反方更合理。"

李呦呦说："那你可以当评委或者观众。听完我们俩的辩论后，你再决定究竟哪一方更合理。"

媛媛兴奋地说："好的！喵~"

李呦呦一边在笔记本电脑上打字，一边说："那我们继续讨论刚刚的辩题。陈谋给出了一个例子来支持他的结论。那个例子就是福尔摩斯的故事。福尔摩斯比其他侦探更优秀，似乎不是因为福尔摩斯更懂逻辑学，而是因为福尔摩斯有更丰富的知识和经验，比如化学知识、地理学知识、犯罪心理学知识。这个例子说明了什么呢？"

陈谋果断地说："说明了，逻辑学并不能让人更擅长推理。"

李呦呦摇了摇头，说："还不能得出这个结论。我们目前能得出的结论是，要想成为一个优秀的侦探，光是懂逻辑学还不够，必须具备丰富的知识。"

陈谋想了想，说："是的。"

李呦呦继续说："这类似于说，想让一根木头烧起来，光是高温还不够，还需要有充足的氧气。"

第一章 逻辑推理：16, 22, 28

013

陆媛媛像是回想起了什么,她说:"我记得化学老师说过,燃烧需要三个条件——可燃物、温度达到燃点以及像氧气这样的氧化剂。"

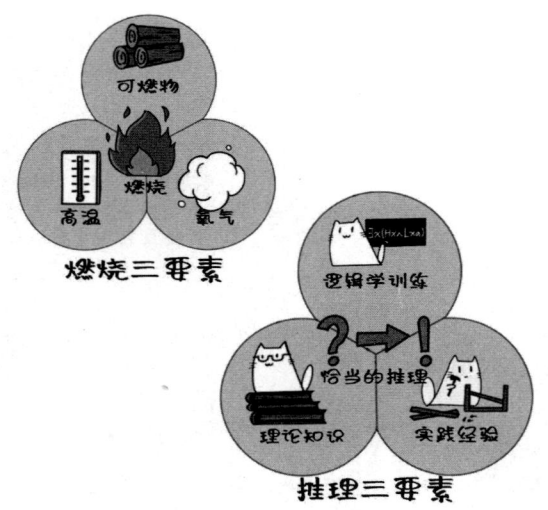

高温、氧气、可燃物 ➡ 燃烧
知识、经验、逻辑学 ➡ 优质的推理

李呦呦说:"那么,**说'逻辑学并不能让人更擅长推理',是不是就类似于说'高温并不能让可燃物更容易燃烧'?**"

陈谋想了想,说:"这两种说法之间好像有些类似。"

李呦呦说:"'高温并不能让可燃物更容易燃烧',这话对不对?"

陆媛媛觉得这话不太对,她说:"高温可以让可燃物更容易燃烧。这样一来,大家冬天在用取暖器时,才会注意不要把温度调得太高,不然就可能引起火灾。"

李呦呦说:"同理可知,'逻辑学并不能让人更擅长推理',这话也是不太准确的。"

陈谋还不服气,说:"但是,如果没有氧气的话,即便温度再高,可燃物也不会燃烧。所以,'高温不能让可燃物更容易燃烧'这话,也可以是对的。"

李呦呦点点头,说:"没错。在一个特殊的条件下,比如完全没有氧气或别的氧化剂的情况下,'高温不能让可燃物更容易燃烧'这话的确是对的。同理,也许**在一个人完全不具备任何知识和经验的情况下,'学逻辑学并不能让人更擅长推理'这句话也是对的。**"

听了李呦呦的话,陆媛媛十分困惑,问:"咦?那这句话到底是对的还是不对的呢?"

李呦呦说:"**这取决于语境。**我们讨论这个问题时,应该默认那个学逻辑学的人还是有一些知识和经验的。毕竟,除了刚出生的婴儿,所有人都有一些知识和经验。甚至,我们可以说刚出生的婴儿也有一些知识,比方说,刚出生的婴儿拥有如何吸奶的知识。"

陈谋若有所思地点点头,陆媛媛却一头雾水,她说:"我还没有跟上你们俩说的话。你们的辩论,到底谁赢了啊?"

陈谋虽然在网上和别人辩论得不可开交,但在李呦呦面前好像提不起劲来。他说:"是呦呦姐赢了。我的结论并不正确。"

李呦呦又摇了摇头,说:"陈谋,目前还不能说你的结论不正确。"

陈谋露出惊讶的表情，问："哦？为什么？"

李呦呦说："我们目前只能说，你给出的福尔摩斯的例子，不能支持'逻辑学并不能让人更擅长推理'这个结论。但是，也许还有别的例子，或者别的理由和证据，可以支持这个结论。就像谈恋爱的时候，我们尝试了一种方式去追某个对象，结果失败了。这并不代表那个对象就不喜欢我们。我们也许可以换另一种方式去追求他，说不定就能成功呢。"

听了李呦呦的话，陆媛媛立刻问："学逻辑学能不能让人更擅长谈恋爱？小鹿姐姐，你擅长谈恋爱吗？"

陈谋也想问这个问题。他在心里默默地给陆媛媛竖起大拇指，然后看着李呦呦，十分期待她接下来的回答。

李呦呦清了清嗓子，捋了捋不存在的胡子，一本正经地说："谈恋爱可是一个很复杂的事情。要是你们诚心想听，我也可以给你们传授几招。"

陆媛媛跑到李呦呦背后，一边给她揉肩，一边说："小鹿姐姐最好了，我们想听，特别想听。小鹿姐姐快教教我们吧。"

李呦呦慢条斯理地说："刚刚说了，学逻辑学能让人更擅长推理。而谈恋爱也需要推理。我这里说的'推理'，并不只是像福尔摩斯那种侦探式的推理。**推理是指从一些信息得出另一些信息，更严谨地说，就是根据一些信息的可信度来判断另一些信息的可信度。**"

陆媛媛回到自己的座位上，喝了口可乐，问："从一些信息得出另一些信息，这是什么意思啊？"

李呦呦说:"比如医生,他们要根据病人说的话,根据一些仪器的检查结果,来判断病人得了什么病。病人说的话是信息,X光片也是信息。而'张三得了肺炎'这个结论也是信息。根据之前那些信息得出结论这个信息,这就是推理。"

陈谋说:"这么说来,**每个人每天都要做出许多推理**。我打游戏的时候也需要根据一些信息得出另一些信息。比如,根据队友的位置和对手的位置,根据大家的技能冷却情况,来推理我自己应该怎么打。"

李呦呦说:"没错。每个人每天都要做出很多推理。比如,团子刚刚把可乐放在桌子上。她为什么要把可乐放在桌子上呢?万一这个桌子突然塌掉怎么办呢?她之所以这样做,是因为她做出了一些推理,结论是'这个桌子不会突然塌掉'或者'我可以把可乐放在桌子上'。"

陆媛媛歪着头,说:"我好像没有做出推理。我没有想过桌子会不会塌掉。"

李呦呦耐心地说:"这里说的**推理是广义的推理,不仅包括人们说出或者写出的推理,还包括人们无意识中的推理**。你的确推理了,只是你没有意识到你进行了推理。这种推理的速度非常快,连一秒钟都不需要。"

陆媛媛想了想,问:"那我无意中做出了什么样的推理呢?"

李呦呦招呼两人来看她的电脑屏幕,说:"不确定,可能是这样的推理——

> 1. 几乎所有位于房间里的桌子（而不是位于垃圾场或修理厂等地方的桌子），都不会突然塌掉。
>
> 2. 这个桌子是位于房间里的桌子，而不是位于垃圾场或修理厂等地方的桌子。
> _____
> 因此，3. 这个桌子几乎不会突然塌掉。

还可以是这样的推理——

> 1. 如果有人把手放在桌子上，那个桌子没有塌掉，那么再放一杯可乐也很可能不会让桌子突然塌掉。
>
> 2. 陈谋和李呦呦把手放在了这个桌子上，这个桌子没有塌掉。
> _____
> 因此，3. 陆媛媛再把一杯可乐放在这个桌子上，这个桌子很可能不会突然塌掉。

还有很多别的可能的推理。不过，由于你的推理是无意识的，事后也很难知道你当时具体进行了什么样的推理。不过，我们可以根据一些线索，尽可能还原出你当时的推理。"

陆媛媛看着电脑屏幕上的文字，若有所思，她继续问："推理是不是就是根据 1 和 2 这两句话来得出 3 这句话？"

第一章 逻辑推理：16, 22, 28

李呦呦摸摸陆媛媛的头，说："你说得很对。1 和 2 都是信息，3 也是信息。推理是根据一些信息来得出另一些信息。根据 1 和 2 来得出 3，这自然也是推理。而且，**推理可以很长，也可以很短**。可以是根据 1 和 2 得出 3，也可以是根据 1、2、3、4、5、6 来得出 7，还可以特别特别长，长到能写一整本书。"

陈谋问："呦呦姐，你刚刚提到医生也要推理时，说到了 X 光片。X 光片是一张图片，不是一句话。图片可以是推理中的 1 和 2 吗？"

李呦呦说："你这个问题很好，说明你思考时非常敏锐，不放过任何细节。**图片也可以是推理中的前提。气味、声音甚至触感，各种各样的信息都可以是推理中的前提**。我看过一部电视剧，女主角就是通过丈夫围巾上的一根金色头发，就推理出丈夫出轨了[1]。而且，动物也会进行推理。比如，缉毒犬就可以根据特殊的气味来推理出存在毒品，或者根据没有特殊的气味推理出不存在毒品。"

缉毒犬在推理：如果这个包里有毒品，那么它很可能散发出某种特殊的气味；这个包里并没有散发出那种气味。因此，这个包里很可能没有毒品

---

1 注：美剧《福斯特医生》第 1 集中的情节。

陆媛媛说:"好厉害!"

李呦呦说:"不过,虽然各种信息都可以是推理中的前提,但**为了方便讨论,我们一般会把推理中的前提和结论都改写成语句**,比如'丈夫的围巾上有一根金色的头发'或'这个包里散发出特殊的气味'。用更专业的话讲,这些语句叫作命题。"

陆媛媛问:"命题?我们老师就当过中考命题人。"

陈谋毕竟比呦呦大了6岁,还读过大学,他替李呦呦回答道:"这里说的命题不是制定考试题的意思。**命题是或真或假的句子**。我没记错的话,反问句和陈述句就是命题。'你今天吃过早饭'和'难道你今天没有吃过早饭?'都是命题。它们可以是真的,也可以是假的。"

陈谋看陆媛媛的表情,就知道她还没有明白命题是什么东西。他继续说:"普通的疑问句就不是命题,比如'你今天吃过早饭吗?'这个疑问句,它不能被判断为真或为假。"

听了陈谋的解释,陆媛媛好像明白了什么是命题,但又好像没有完全明白。李呦呦也不在这个点上纠缠,说:"你还记得要向我请教什么吗?"

陆媛媛这才想起来,说:"谈恋爱。小鹿姐姐,快说说谈恋爱的事。你和姐夫当年是怎么谈的啊?"

陈谋赶紧咳嗽了几声,陆媛媛这才慌张地发现,自己好像说了不该说的事情。

李呦呦笑了笑，说："没关系的。我和你姐夫当初是一起在一门课上当助教，选那门课的学生特别多，所以教授需要好几个助教来帮忙批改试卷、主持小组讨论、回答学生的问题。我们俩认识了以后，又发现彼此有很多共同点，比如喜欢类似的电影、音乐和书籍。再加上他很会做饭，一来二去，我们就在一起了。"

陈谋问："那门课是不是一门逻辑学的课？"

李呦呦摆摆手，说："不是的。那是一门哲学导论课。我的确支持'学逻辑学能让人更擅长谈恋爱'这个结论，但并不是因为学逻辑学能让你在课上认识一些潜在的恋爱对象。我的推理大概是这样的——

> 1. 学逻辑学能让人更擅长推理。
>
> 2. 谈恋爱需要人们做出很多推理。比如，根据各种各样的信息，来判断对方和自己是否合适、对方喜欢什么、不喜欢什么、要怎么做才能让两人的关系变得更亲密、该如何处理双方的矛盾和冲突等。
>
> ---
>
> 因此，3. 学逻辑学能让人们在谈恋爱时，更好地做出那些重要的判断和决策。

不过，就像陈谋之前提到的，福尔摩斯除了需要推理能力，还需要知识和经验才能成为优秀的侦探。我们除了需要逻辑学，还需要很多心理学方面的知识以及谈恋爱的实战经验,才能变得更擅长谈恋爱。"

说起谈恋爱的实战经验,陆媛媛和陈谋都默不作声。陆媛媛长得很可爱,一直有不少男生喜欢她,但她似乎是"情窦未开",还没谈过恋爱。陈谋外表并不出众,他虽然看过一些爱情类的小说、电影、电视剧,但实战经验几乎为零。

李呦呦说:"实战经验嘛,你们以后可以慢慢积累。心理学和逻辑学的知识,我倒是有很多可以和你们分享。吃饭之前,我不是提到了播客计划吗?我想,也许我们三个可以像今天这样对话,每个人只要扮演好自己就够了。"

陆媛媛问:"怎么扮演好自己?"

李呦呦对陆媛媛说:"团子,你是一个16岁的高中生。你的知识和经验虽然不丰富,但是好奇心却很强。你只需要不断地表现出你的好奇心即可。不要害羞,不要怕出丑。如果我们在对话时,提到了任何你不懂的东西,你只管问就好。"

李呦呦又看着陈谋,继续说:"陈谋,你是个普通的大学生,对,现在是大学毕业生了。我们这个节目的听众,可能大多数都是和你一样的人。大家都是毕业还没有多久,刚刚开始工作,有很多迷茫和困惑。关于爱情、友谊、事业、金钱还有未来,人们有很多不确定,而这些不确定往往导致过度的担忧和焦虑。也许,**逻辑学能减少大家的担忧和焦虑,让大家对自己更有信心**。"

第一章　逻辑推理：16, 22, 28

陈谋问："那呦呦姐，你要扮演什么呢？"

李呦呦想了想，说："和团子相比，我跟你更加相似。你刚刚本科毕业，而我也是最近才拿到博士学位。你还没有确定工作的事，我也要考虑各种工作机会，毕竟我们家里都没有矿。回国后，我还需要认识一些国内的新朋友。而且，虽然我爸妈都不说，但他们肯定希望我再找个人结婚生子，让他们能抱上孙子。他们俩24岁的时候就有了我，而我现在28岁了，还没有生孩子的计划呢。就算原本有，现在也没有了。"

听了李呦呦的话，陆媛媛才发现自己心中几乎完美的小鹿姐姐，其实也有很多和普通人一样的烦恼。她说："我和小牛哥哥都是你的朋友。而且，只要你愿意教我逻辑学，你就可以一直来我们家吃饭，怎么样？"

李呦呦揉了揉陆媛媛的脸蛋，说："你这个小机灵鬼啊。记得多买些土豆和豆腐，我不爱吃莴笋和生菜。"

陆媛媛说："知道了。喵～"

李呦呦看着陈谋，说："你们俩都是我的朋友。我比你们多读了一些书，多了几年人生经验。如果我的一些知识和经验能帮到你们，那就再好不过了。"

听了李呦呦的话，陈谋心里暖暖的。他没有姐姐，而此刻的李呦呦就像自己的姐姐一样。他问："那我们能帮到你什么呢？"

李呦呦想了想，说："现在的话，你们可以先帮我把书从纸箱子里拿出来，整理一下，放到书柜上。我现在弯腰搬重的东西，腰还是会痛。"

023

陆媛媛满口答应下来，然后就拉着陈谋一起去拆纸箱子了。陈谋也挺喜欢拆纸箱子，即便拆出来的东西不是自己的，也有拆快递的幸福感。

拆了几个箱子后，他俩有点后悔了。没想到李呦呦这次带回了几千本书。一时半会儿根本整理不完。

陈谋问李呦呦："呦呦姐，这些书要怎么整理啊？你的书柜里放得下这么多书吗？"

李呦呦说："应该放不下，所以我还买了几个拼装的书架，等会儿我把它们都装好。你们先按学科分类。经济学的一类、数学的一类、社会学的一类、生物学的一类、心理学的一类、哲学的一类，大概是这样。要是有哪本书不知道该分到哪个学科类别里，你们拿给我看，单独问我。"

大概花了50分钟，李呦呦拼好了4个书架，就坐到两人身后指挥，告诉他们该怎么分类。三人又忙活了两个多小时，才把书成功分成了好几堆。

李呦呦说："现在可以把书放到书架上了。你们先把数学类的放在那边。然后把逻辑学类的放到旁边。哲学类的摆在逻辑学类的旁边。计算机科学类的书应该不多，就放在哲学类旁边好了。"

等陈谋和陆媛媛摆好书，李呦呦继续说："你们再把物理学类的摆在这里，然后摆化学类的，再摆生物学类的。"

陆媛媛问："医学类的摆在哪里？"

李呦呦看了看，医学类的总共也没多少，便说："摆在生物学类的旁边吧。"

等两人摆完，李呦呦又说："接下来，你们把社会学类的摆在这边，心理学类的摆在旁边，经济学类的接着摆在心理学类的旁边。"

两人辛苦摆完之后，陈谋问："语言学和历史学呢？"

李呦呦想了想，说："这样，你们把心理学类和经济学类的书再挪开，把语言学类摆在心理学类旁边，历史学类摆在社会学类旁边。"

陆媛媛忍不住抱怨："小鹿姐姐，你要提前想清楚啊，现在挪来挪去，好累的。"

李呦呦摸了摸陆媛媛的头，笑着说："好的，辛苦我们的小团子了，等会儿姐姐带你去吃冰激凌。"

陆媛媛的小耳朵好像竖了起来，说："不辛苦的。小鹿姐姐最好了，喵~"

等三人完全摆好书，又过了半个小时，时间不早了。所幸今天是周五，陆媛媛明天不用上学，于是跟着李呦呦和陈谋一起去超市买东西。三人买了一些菜，一边吃着冰激凌，一边往回走。

李呦呦说："你们俩确定要和我一起做播客吗？"

陆媛媛知道自己是个三分钟热度的人，也不确定能不能坚持下来。不过，她觉得自己的任务并不难，扮演一个好奇心旺盛的"问题少女"

完全是本色出演,应该没问题的。她说:"确定,我要和小鹿姐姐一起做播客。"

陈谋读过不少推理小说,也看了不少推理题材的电视剧,他对自己的推理能力还是挺自信的。而且,他也想和李呦呦一起做一些事情。在他看来,李呦呦很多方面都比自己更优秀。但和她相处时,陈谋并不会感到自卑,反而觉得自己也变得更好了。他说:"呦呦姐,我们会努力的。这次我也要认真起来了。"

李呦呦说:"那好。我回去后再规划一下节目的内容。明天我们就可以试着录一期,看看效果如何。你们不用特意准备什么。今天辛苦你们帮我搬书了,回家后就早点休息吧。"

三人回到家后,陆媛媛问爸妈这段时间能不能让小鹿姐姐在自己家吃饭,爸妈答应后,她很快就睡了。陈谋在网上找到了一些逻辑学课程视频,他以 1.5 倍速看了几节课,很快也睡了。

李呦呦好像还没有完全倒好时差,一时半会儿睡不着。她把纸箱里的一些复印的论文分好类后,放在了书柜里面。躺在床上的她,又拿出手机,听了一期以前自己和男友一起做的播客,不一会儿也睡着了。

第二章

问题与答案：
你想知道什么？

9月17日,星期六,早晨

陆媛媛今天起得很早,她简单洗漱了一下,就去叫李呦呦和陈谋来一起吃早餐。不过,只有陈谋来了。

陆媛媛啃着包子问陈谋:"小牛哥哥,我早上给小鹿姐姐打电话,她没接,敲门也没开。"

陈谋喝了口粥,说:"估计她还在睡觉。我们中午再叫她好了。"

陆媛媛三两口吃完了包子,说:"我还没想明白你昨天和小鹿姐姐的辩论。"

陈谋问:"哪里没有想明白?"

陆媛媛不知从哪里翻出来一顶猫耳帽子,她戴上帽子说:"哪儿都没有想明白,喵~"

陈谋笑了,说:"你这个小团子啊!那我从头跟你说吧,你还记得辩论的题目是什么吗？"

陆媛媛说："我记得，是'学逻辑学能不能让人更擅长推理？'"

陈谋问："那正方和反方的目标分别是什么？"

陆媛媛说："正方要证明，学逻辑学能让人更擅长推理；反方要证明，学逻辑学不能让人更擅长推理。"

陈谋点点头，说："我是反方，呦呦姐是正方。我提出了一个证据，就是福尔摩斯的案例。福尔摩斯很擅长推理，但我认为并不是因为福尔摩斯擅长逻辑学，而是因为福尔摩斯具备大量和案件相关的知识，这些知识帮助他侦破案件。"

陆媛媛也点点头，说："是的，这个证据好像可以证明反方的结论啊。福尔摩斯依靠知识而不是逻辑学才变得擅长推理，不就说明了逻辑学对于推理来说并不重要吗？喵～"

陈谋说："我最初也是这么想的。但是，这个证据其实只是证明了，要想侦破案件，必须具备大量与案件相关的知识。而且，呦呦姐说的推理也不仅仅是侦探式的推理，任何人都需要推理。**医生、厨师、司机、科学家、工程师、律师、教师等各行各业的人，全都需要从一些信息推理出另一些信息。**"

陆媛媛歪着头，说："我还没有明白。喵～"

陈谋说："这么说吧。假设福尔摩斯仅仅只有大量与案件相关的知识，完全不懂逻辑学，那还能做出精彩的推理吗？"

陆媛媛一拍手，说："你这么说我就明白了。也就是说，要想做出精彩的推理，既需要逻辑学，也需要大量的知识。这么说来，你给出的福尔摩斯的案例，不就是无效的吗？这个案例不能支持反方。但我记得，小鹿姐姐又说，在你们的辩论中，你并没有输。这是为什么呢？"

陈谋说："我也是想了一会儿才明白。举个例子，假设在法庭上，原告和被告相互辩论。原告指出被告提供的一项证据并不可信，能说明法官应该判被告败诉，判原告胜诉吗？"

陆媛媛想了想，说："嗯，如果被告给出的证据不可信，那么应该判被告败诉吧？"

陈谋摇摇头，说："我是说，原告只是证明了被告给出的一项证据不可信，不是说原告证明了被告给出的所有证据都不可信。而且，这里还没有提到原告给出的证据是否可信呢！法官应该全面衡量原告和被告给出的所有证据，这样才能做出最终判决。现在只是发现被告的一项证据不可信，还不足以做出判决。说不定被告的其他证据很可信，或者原告给出的证据更不可信。"

陆媛媛说："我明白了。这就像两支队伍拔河。就算一支队伍里有一个人摔倒了，也不意味着这个队伍会输。说不定这个队伍里其他人很给力，或者对面的队伍里摔倒了更多人。"

陈谋赞叹道："小团子很聪明嘛！你这个比方非常好。**辩论就像两**

支队伍拔河，比的是所有人加在一起的实力。单独一个人特别强或特别弱，并不能决定整支队伍的输赢。我和呦呦姐的辩论'拔河'中，我这边队伍的一个人摔倒了，并不意味着我就输了，还要看队伍里的其他人，以及呦呦姐那边的人实力如何。"

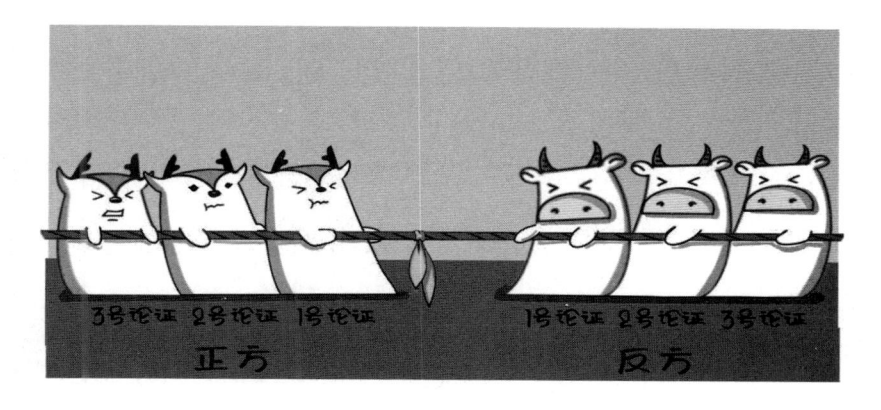

听了陈谋的夸奖，陆媛媛竖起了得意的猫耳朵。她说："这么说来，辩论比我想得要复杂很多。小牛哥哥，你能教教我怎么辩论吗？"

陈谋摇摇头，说："我这个水平，怕是教不了你。我知道如何辩论，但我不知道如何教别人辩论。等呦呦姐来了，你让她来教你吧。她水平高，所以既知道辩论，又知道如何教别人辩论。"

陆媛媛叹了口气，说："看来教别人做某件事情，比自己做某件事情，要难不少。我知道怎么说汉语，但我不会教外国人说汉语。估计得像小鹿姐姐那样读很多书，学习很多知识，才有教别人的本事。"

此时，陆媛媛听到了门铃声，开门一看，原来是李呦呦来了。陆媛媛领着睡眼蒙眬的李呦呦坐到餐桌边，给她盛了碗粥，还倒了杯热茶，热情地招呼她吃包子。李媛媛很久没吃过包子了，一连吃了好几个，连一直不太喜欢的胡萝卜馅包子也没放过。

过了一会儿，陆媛媛看着心满意足的李呦呦，撒娇地问："喵喵喵，小鹿姐姐，你能教教我怎么辩论吗？"

李呦呦捋了捋不存在的胡子，摸着"团子猫"的圆脑袋，一本正经地说："既然团子你诚心诚意地请教了，那就让为师将毕生绝学都传授给你，你在继承了为师的衣钵之后，要继续发展我们逍遥学派哦。"

陆媛媛立刻拱手说："谢谢师父！师父，我们的门派为什么叫逍遥学派啊？"

李呦呦指着天上，说："因为**逻辑学的创始人是亚里士多德，他创立的学派就叫逍遥学派，也可以翻译成散步学派**。因为他经常和学生们一边散步，一边探讨各种学术问题。今天所有学逻辑学的人，都可以算作逍遥学派的传人，我们也不例外。"

陆媛媛立刻说："那我们现在就出去散散步，刚好可以消消食。我们一边散步一边聊。"

李呦呦笑着说："你啊，还没有学会走路，就想学跑步了？辩论是很有讲究的，散个步的功夫讲不清楚。而且，你昨天不是说想一起做播客吗？今天我们就可以做第一期。往后我们可以每个星期做一期，循序渐进。过一段时间后，你一定能成为辩论高手。"

陆媛媛对自己的辩论实力可是毫无信心，她惊讶地问："哦？小鹿姐姐,你在我身上看到辩论高手的潜质了吗?"

李呦呦说:"那倒没有。不过,名师出高徒嘛。辩论又不是一件多难的事情,有我在,再笨的三脚猫也能训练成高手。"

陆媛媛又拱手作揖,说:"那笨小猫就先谢谢老师了。老师,我们今天去哪儿学习啊?"

李呦呦说:"去我房间里。我那里有录音设备。"

三人来到李呦呦的房间,屋里有许多书柜,里面整整齐齐地摆满了书。这可都是陈谋和陆媛媛昨晚的劳动成果。除此之外,这个屋子就只是平平无奇的普通房间罢了,不像是姑娘家的闺房。房间里有一个小衣柜,一张大桌子和一把椅子,还有一个挺大的双层床,上铺堆了不少书和打印资料,连李呦呦平日里睡的下铺上,也摆了不少书。从字面意义上看，李呦呦确实睡在了书堆里。

陆媛媛正想埋怨李呦呦怎么把书架上原先摆放整齐了的书又乱放在床上，可她还没来得及开口，李呦呦就说："陈谋、媛媛，你们俩去餐厅拿两个座垫进来，我准备一下设备。"

两人搬了座垫进来，陈谋还拿来了水壶和杯子，倒了三杯水。李呦呦指着一个连着笔记本电脑的话筒说："这个麦克风质量挺不错，我们不用刻意对着它说话，就按平时的音量说话就行。"

陈谋平日里就不太敢和别人说话，现在一想到有陌生人会听到自己说的话，有点紧张。他问："呦呦姐，万一我们说错话了，怎么办？"

李呦呦说："其实播客的听众挺宽容的，我们要是有口误，说错了什么，也没关系。实在要改的话，也可以修改录音文件。"

陆媛媛问："那我们今天要说些什么呢？"

李呦呦拿出来一张纸，上面写着一些议题，似乎就是要在第一期播客中讨论的内容。她说："我们昨天提到了命题，今天就来仔细谈谈'命题'。你们也不用紧张，我会引导对话的走向。而且，大家也不需要一直紧扣议题，随意聊些别的东西，都是可以的。你们想到什么就说什么好了，反正可以进行后期剪辑。"

陈谋问："那，我们要不要在开头做个自我介绍？"

李呦呦说："自我介绍用文字呈现就好，不需要放在播客的音频当中。对了,我们的播客名字就叫'逍遥学派的散步时间',你们觉得如何?"

陆媛媛兴奋地说:"好啊。我是逍遥学派的小师妹。"

陈谋说:"那我是二师兄?"

李呦呦说:"那我就是代师收徒的大师姐吧。咱们现在就开始录音了?"

见陆媛媛和陈谋点了点头,李呦呦随即按下了开始录音的按键,说:"欢迎来到逍遥学派的散步时间,我是大师姐,李呦呦。"

陈谋:"我是二师兄,陈谋。"

陆媛媛:"我是小师妹,陆媛媛。"

李呦呦:"我们今天要聊的是命题。陈谋,你说命题是什么东西啊?"

陈谋信心十足地说:"**命题就是有真假之分的句子。**"

李呦呦:"嗯,那命题又有什么用呢?"

陈谋挠了挠头,说:"我还从来没有想过这个问题。"

李呦呦:"媛媛,你觉得命题有什么用?更专业地说,你觉得命题的功能是什么?"

陆媛媛也挠挠头:"我也不知道呢,喵~"

李呦呦捏了捏陆媛媛帽子上的猫耳朵，然后对陈谋说："媛媛刚才说了'我也不知道'这句话，陈谋，你觉得这句话算是命题吗？"

陈谋回忆起昨晚临时抱佛脚看的视频课程，想了想，说："应该算。'我也不知道'这句话有真假之分。如果媛媛的确不知道，那么这句话为真。如果媛媛知道，那么这句话为假。亚里士多德说了，To say of what is that it is not, or of what is not that it is, is false, while to say of what is that it is, and of what is not that it is not, is true。"

陆媛媛："二师兄你好厉害！亚里士多德这话，翻译成中文是什么啊？"

陈谋：**"言是者为非，非者为是，是为假。言是者为是，非者为非，是为真。"**

陆媛媛摇摇头，说："还是不懂。"

陈谋："简单来说，如果你如实说出情况是什么样的，那你说的话就是真的。如果你说的话不符合实际情况，那你说的话就是假的。比如，你实际上知道，但你又说你不知道，那你说的就是假的。如果你实际知道，你也说你知道，那你说的就是真的。"

陆媛媛："我说的是实际情况。我的确不知道，我也说我不知道。那我说的话算是真命题吧？"

李呦呦赞许地说："是的。媛媛说的话是命题，而且还是真命题。那么，你在用这个命题做什么呢？"

第二章 问题与答案：你想知道什么？

陆媛媛摇摇头，不知该如何回答。陈谋则替陆媛媛回答："呦呦姐，你在问媛媛知不知道命题的功能是什么，而媛媛就用'我不知道'这个命题来回答你提出的问题。"

李呦呦："没错。小师妹在用命题回答我的问题。也就是说，**命题至少有这么一个功能。人们可以把命题当作答案，用命题来回答问题。**"

陆媛媛好像还没听明白，她小声嘀咕："用命题来回答问题……"

李呦呦似乎没有听见陆媛媛的嘀咕，她接着问道："那人们在什么情况下会提出问题呢？"

陈谋想了想，说："**如果人们感到了困惑，就会用语言将自己的困惑表达出来，也就形成了问题。**"

李呦呦："那人们会在什么情况下感到困惑呢？"

陆媛媛说："那就太多了。人们会在各种各样的情况下感到困惑。凡是当我们不知道一些事情时，就会感到困惑。"

陈谋立刻从陆媛媛的话中发现了反例，说："那可不一定。我不知道媛媛你一共有多少根头发，但我并不会因此感到困惑。"

陆媛媛说："我一共有多少根头发？这又不是什么值得了解的重要信息。"

李呦呦说："所以，人们并不是在不知道一些信息时就感到困惑。"

陆媛媛想了想，修改了自己的说法："我们能不能说，**凡是当人们不**

知道但又想知道一些事情时，就会感到困惑？我的头发数目不是什么值得知道的信息，所以二师兄没有想过要获取这一信息。但如果我想知道大师姐家的零食放在什么地方，而我又不知道答案，就可能感到困惑。我说得对吗？"

李呦呦说："小师妹说得很对。人们在做某件事遇到某种阻碍，不知道该怎么办时，就会产生困惑。这种困惑导致我们提出问题。**有时候，我们会向别人提出问题，希望别人给我们提供一些信息，帮助我们回答或解决问题。有时候，我们也会向自己提出问题，因为问题能刺激我们仔细思考**。"

陈谋点点头，说："是的，我们有时候会自言自语，自问自答。"

李呦呦看了看自己提前准备的提纲，移了移话筒，说："为了帮助我们更好地理解问题是什么，需要先给问题分个类。按照古希腊流传下来的修辞学传统，我们可以将问题分为这四类。**1. 语义类问题。2. 事实类问题。3. 价值类问题。4. 策略类问题**。"

陆媛媛听到了从没听说过的新概念，好奇心驱使她立刻问："什么是语义类问题？"

李呦呦说："**语义类问题就是询问语词或语句的含义的问题**。陈谋刚刚不是引用了亚里士多德的话吗？亚里士多德最初说的是古希腊语，陈谋引用的是英译版，而你不明白这些英文句子的意思，于是你问他要中文翻译版。陈谋给出的中译版偏文言文，你还是不明白这些文言文句子的意思，于是你又希望他换成更简单的方式解释给你听。这些时候，你

039

就是在提出语义类的问题。"

陆媛媛说:"我明白了。当一个人想要知道某句话是什么意思时,就会问'这话是什么意思?',而这个问题就是语义类问题。"

李呦呦说:"没错,而且不只是问句子的意思,还可以问语词的意思。就像你刚刚问我'语义类问题'这个词是什么,这也属于语义类的问题。我问你,'apple'是什么意思?"

陆媛媛说:"是苹果。"

李呦呦说:"那'林檎'是什么?"

陆媛媛想了想,说:"是一种生活在树林里的鸟吗?"

李呦呦说:"不是啦。这个词也是苹果的意思。日本人用这个词来指代苹果。我再问你,'苹果'是什么意思?"

陆媛媛说:"苹果不就是苹果吗?"

李呦呦摇了摇头,说:"小师妹,你再仔细想想,人们在什么情况下会提出语义类问题?人们为什么会对语词或语句的含义产生困惑?"

陆媛媛的小脑袋在飞速运转,可完全想不出这个问题的答案。她灵机一动,把问题抛给陈谋:"二师兄,你觉得人们在什么情况下会提出语义类问题?"

陈谋说:"可能是因为人们之前没有见过或者听过那个语词或语句。当我们第一次听到别人说某个词或者某句话时,可能不知道别人想要表达什么意思，于是就会提出语义类问题。"

陆媛媛恍然大悟，说："我懂了。外国人在学习汉语时，一定会经常提出语义类问题。他们肯定不知道很多汉语词汇或句子是什么意思。中国的小宝宝在刚开始学汉语时，也一定会提出语义类问题。小宝宝就不知道'苹果'这个词是什么意思。所以如果我们告诉小宝宝，'苹果'是苹果，实际上对小宝宝没有什么用。"

李呦呦说："是的。其实不只是外国人和小宝宝，成年人也会提出关于自己的母语的语义类问题。小师妹，你知道'西酞普兰''认识论''事件视界'这些词是什么意思吗？"

陆媛媛说："'西酞普兰'是不是一种兰花？'认识论'听起来像一种理论，是不是告诉我们如何认识新朋友的理论？'事件视界'就听不出来是什么意思了。"

陈谋说："'西酞普兰'是一种药的名字。"

李呦呦说："'认识论'的确是一种理论，但它不是关于认识新朋友的理论，而是关于知识的本质、来源以及范围的理论。它是哲学的一个分支。'事件视界'是一个物理学术语，和黑洞有关。不过，我举这些例子不是想谈论哲学或物理学，而是想说明，**即便是我们这些汉语母语者，也不知道很多汉语词的意思，会提出许多语义类的问题。**"

陈谋："那我们怎么回答语义类问题呢？难道是查辞典？"

李呦呦说："这就要等到下一期散步时间再来讨论了。语义类问题值得单独拿出一整期播客的时间来讨论，因为**语言非常重要。没有语言，我们无法表述自己的思想，也无法了解别人的思想**。一些学者还认为，如果人类没有语言的话，实际上就和猫猫狗狗一样，不会有任何复杂的思想，也就不会成为这么聪明的动物了。现在，让我们先来讨论另一种问题——事实类问题。"

陆媛媛问："什么是事实类问题？"

李呦呦说：**"语义类问题是关于语词或语句的含义的问题。本质上，一个人提出语义类问题，是想知道某个符号或符号串的用法是什么。而事实类问题就不一样了，它不是关于符号的问题，而是关于符号所指代的对象的问题，也就是关于世界的问题。"**

虽然陆媛媛听不懂，但觉得李呦呦的话听起来很有道理："关于世界的问题？听起来好厉害啊！"

陈谋说："大师姐，能不能举几个事实类问题的例子？"

李呦呦点点头，说："世界是所有事物的总和。所以，**凡是关于事物的性质和关系的问题，都算是事实类问题**。我们可以问，过去发生了什么事？比如，一年前的今天，我们住的地方有没有下雨？或者几十万年前，这里生活着什么生物？我们还可以问，现在正在发生什么事情？比如，媛媛，你的爸爸妈妈现在正在做什么？或者在地球另一边的某个小岛上此刻有多少棵树？我们也可以问，未来会发生什么事情？比如，明天会不会下雨？未来会不会出现与人类为敌的人工智能？"

陆媛媛觉得事实类问题真是复杂，尤其是涉及未来的问题。她问："我们怎么知道未来会发生什么呢？"

李呦呦说："假如我们能知道因果关系，并且知道过去和现在有什么因，就有可能预测出未来会出现什么果。所以，关于因果关系的问题也是事实类问题。比如，我知道大吃大喝且不运动会导致长胖，假设我又知道媛媛最近一直在大吃大喝，而且还不怎么运动，那么我就可以预测媛媛会长胖，媛媛未来的体重会比现在更重。"

陈谋好像明白了什么是事实类问题，说："原来如此。询问因果关系的问题也算是事实类问题啊，我们好像经常问这种事实类问题。比如，某些药能不能治疗某种病？采取某种学习方法能不能考出更好的成绩？学逻辑学能不能让人更擅长推理？"

李呦呦说："没错。凡是当我们问 A 能不能造成 B 时，就是在问因果关系。比如，我可以问，什么因素会导致一个商品降价？假设我看中了一本书，想问它未来会不会降价。这实际上就是问，现在有没有出现导致那本书降价的因素？或者未来会不会出现这样的因素？"

陈谋说："一年当中有好几个大促销的日子。那几天几乎所有商品都会降价。只要这本书的卖家想参加促销活动，那这本书就会降价。而且，大多数卖家都会参加这种促销活动，毕竟可以薄利多销，降价也能赚到钱。"

李呦呦从口袋里拿出一个套着透明保护壳的手机，说："总之，我们经常提出事实类问题。就拿这个手机为例，我们可以问，它的价格是多少？它是用什么东西做的？它有什么功能？它是谁设计的？在哪里生产的？什么时间生产的？上面的金属会不会生锈？玻璃屏幕的莫氏硬度有多高？电池能用多长时间？买了这台新手机会不会提升我的工作效率？这些都是事实类问题。"

陆媛媛感叹道："原来日常生活中这么多问题都是事实类问题。"

李呦呦说："没错。小师妹，你来总结一下，事实类问题是什么？"

陆媛媛说：**"询问因果关系的问题是事实类问题。询问过去、现在、未来发生了什么的问题也是事实类问题。"**

李呦呦说："具体来说，我们一般怎么问因果关系呢？"

陆媛媛说："我们会问，A会不会导致B？比如，抽烟会不会导致肺癌？人类的工业活动会不会导致全球变暖？"

李呦呦说："没错，**我们想知道A和B之间是不是有因果关系，就问**

是不是 A 导致了 B？不过，我们也可能只知道 A，想知道 A 作为因，有可能导致哪些果。 比如，我们想知道，抽烟这种行为会导致哪些结果？抽烟会不会导致其他疾病？会不会让人更有精神？会不会显得自己更有魅力？抽烟或者购买香烟会不会导致烟草产业更加发达，从而给国家带来更多税收？**我们也可能只知道 B 这个结果，想知道哪些原因可能导致 B。** 比如，小明得了肺癌，我们想知道是哪些原因导致他得了肺癌。我们可能会问，是抽烟导致的吗？是电离辐射导致的吗？是遗传导致的吗？是某种食物导致的吗？是某种微生物导致的吗？"

陆媛媛说："我懂了。我们可以问 A 会不会导致 B，可以问 A 会导致哪些结果，还可以问哪些原因会导致 B 这个结果，这些都是在追问因果关系。"

李呦呦说："是的，关于因果关系的问题是事实类问题，关于过去、现在发生了什么，以及未来会发生什么的问题，也都是事实类问题。接下来我们就来探讨价值类问题。光听这个名字，你们觉得哪些问题是价值类问题？"

陆媛媛的思路就是"顾名思义"。她说："问一个东西有多少价值，应该算价值类问题吧？比如，我们可以问，土豆能卖多少钱？黄金能卖多少钱？"

陈谋并不认可陆媛媛的回答，他说："问土豆或黄金能卖多少钱，这个应该算事实类问题，实际上是在追问某个人要花多少钱才能在今天某个地方买到一定数量的土豆或黄金。这就是在问现在正在发生什么事

045

情。我们想知道的是正在发生的一次土豆交易或者黄金交易中关于价格的那部分信息。"

陆媛媛的小耳朵耷拉了起来，她说："好像是这么回事。如果是问某种东西现在的价格，的确更像一个事实类问题，而不是价值类问题。那么，问土豆有多少营养价值？黄金有什么使用价值？这算价值类问题吗？"

陈谋紧皱着眉头，用力地想了想，说："我还没有想清楚。"

李呦呦拍了拍陈谋的肩膀，说："师弟，其实你的思路很对。你刚刚提到了一句话，'我们想知道什么信息'。如果我们想知道的信息是关于语词或语句的用法的，那么我们是在问语义类问题；如果我们想知道的信息是关于一些东西的性质，或者这些东西之间关系的，那么我们是在问事实类问题。比如，如果我们问的是土豆中包含哪些营养物质，人类长期吃土豆会不会缺少哪种营养物质，这些其实也是问事实类问题。如果我们在问黄金的性质和作用，比如黄金是否耐腐蚀，黄金是否导电，黄金是否可以作为装饰品，这些也都是事实类问题。**价值类问题和事实类问题是不同的。**"

陆媛媛问："有什么不同呢？"

李呦呦说：**"当我们问事实类问题时，是在问东西的性质或东西之间的关系。当我们问价值类问题时，是在问人类应该对这些东西采取什么样的情感态度。人类应该喜欢还是不喜欢这些东西？人类应该赞许还是反对这些东西的出现？"**

陆媛媛听得头都晕了,说:"好复杂。价值类问题听起来比事实类问题要难多了。"

李呦呦拿起一把梳子,梳了梳自己的长发,思考了片刻,然后说:"也许是更复杂一点。让我举几个例子。'张三是否每天都会抽一包烟?'这是一个事实类的问题。'张三是否应该每天抽一包烟?'这就是一个价值类问题了。**价值类问题和人类的偏好与价值观有关**。张三需要权衡自己不同的需求和偏好。张三也许一方面想享受抽烟带来的快感,另一方面又想拥有健康的身体。他也许觉得抽烟可以帮助自己融入其他抽烟的朋友当中,但又觉得省下抽烟的钱可以买很多别的他想要的东西。所以,张三需要考虑,自己的多个不同的需求,究竟哪个更重要,哪个更值得满足。"

陆媛媛喝了口水,说:"我又想喝可乐,又想保持苗条的身材。这两个想法哪个更重要?我应该优先满足自己喝可乐的目标,还是优先满足保持苗条身材的目标?这算价值类问题吧?"

李呦呦说:"没错。一个人可能同时有着相互冲突的偏好、相互冲突的目标。等你上大学了,就会发现这三个目标不能同时满足:1. 睡眠,2. 社交,3. 学习。因为你一天只有 24 小时,时间是有限的。你要社交和学习,就不能有充足的睡眠。你要学习和睡眠,就要舍弃一些和朋友相处的时间。你要社交和睡眠,就不能花太多时间来学习。所以,你必须在不同的目标之间做出取舍,给这些目标排个优先级顺序。当你问这些目标哪个更重要、哪个更应该优先实现时,就是在问价值类问题。**我们**

每个人都是这样，既想实现 X 目标，也想实现 Y 目标，X 和 Y 有时不冲突，有时会相互冲突。相互冲突时，我们就要提出价值类问题了。"

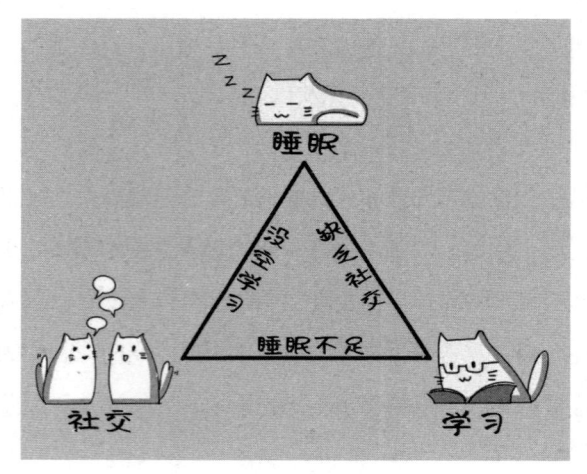

不可能三角

陈谋说："这么说来，**价值类问题其实就是让每个人去思考自己应该成为什么样的人、应该有什么样的价值观和偏好、应该实现哪些目标？**"

李呦呦说："不仅如此。**我们可以问一个人自己的不同需求和目标哪个更加重要，还可以问不同人之间的需求和目标哪个更加重要。这也是价值类问题。**比如，张三想抽烟，而旁边的李四不想吸二手烟。张三和李四的需求，哪个更重要呢？如果张三的需求更重要，那也许就应该让李四忍受一下二手烟。如果李四的需求更重要，那么就应该让张三忍住不要抽烟。"

听了李呦呦的话，陆媛媛的头好像都变大了，她说："价值类问题果然很复杂。"

李呦呦说:"还有一些更复杂的价值类问题。比如,张三的妻子得了重病,需要李四发明的药物才能治病。但张三买不起李四发明的药,于是偷了这些药给妻子治病。张三是否应该偷药给妻子治病?这就是一个价值类问题。一方面,张三想让妻子活下来,这个需求很重要。另一方面,李四有权自由处置自己的财产,其他人不应该盗窃李四的财产。所以,李四不想让自己发明的药被别人偷走,这个需求也很重要。张三想要实现 X 目标,李四想要达成 Y 目标,当 X 和 Y 相互冲突时,哪个更重要?这就是价值类问题。"

陈谋突然说:"我知道了。**价值类问题就是在问,应该满足哪些需求和目标。价值类问题不仅能指导个人去思考自己未来想成为什么样的人,还可以指导一群人思考一个理想社会应该是什么样子。**"

李呦呦说:"你概括得很好,简明扼要。"

陆媛媛说:"那么,应该满足哪些需求和目标呢?如果需求和目标之间产生了冲突,不能同时满足,我们该怎么判断哪些目标更加重要呢?"

李呦呦说:"这个问题我们以后再细说。今天要做的是先区分出四类不同的问题,同时也就区分出四类不同的答案。至于该如何回答这些问题、如何分辨不同答案之间的优劣对错,就要等到我们逍遥学派以后聚到一起'散步'时,再来讨论了。"

陈谋说:"我们已经讨论了语义类问题、事实类问题和价值类问题,还剩下策略类问题没有讨论了。这类问题有什么特点呢？"

李呦呦说："**策略类问题很容易理解，它是在问，我们该怎么做才能达到我们的目标？** 比如，我要怎么做才能下赢这局棋？我该怎么做才能变得更聪明、更健康、更漂亮？我们该怎么做才能降低犯罪率？我们该怎么做才能提升国民收入？"

陆嫒嫒说："我们三个人真的能降低犯罪率、提升国民收入吗？"

李呦呦说："我刚刚说的'我们'不是指我们三个，而是指提出问题的人。提问者可能是政府中的决策者，也可能是公司或别的组织中的决策者，还可能是任何人。总之，人们想知道，该采取什么样的行动方案才能达到人们的目标。"

陆嫒嫒说："我要采取什么样的行动方案才能成为大师姐这样有大智慧的人？"

李呦呦笑着说："只要继续夸我，把我哄高兴了，我就自然会将师祖们传下来的秘籍都传授给你们。你们只要把秘籍上的功夫都学会，就会变得更有智慧、更加聪明了。"

陆嫒嫒又竖起了猫耳朵，把脸埋在李呦呦怀里，向李呦呦撒娇："大师姐最好了~"

李呦呦轻轻抚摸着陆嫒嫒的小脑袋和猫耳朵："好了，继续我们逍遥学派的散步时间。我们已经把问题分成了四类，着重讨论了这四类问题的区别。接下来，我们还要讨论这四类问题的联系。"

陆媛媛抬起头，说："可是，大师姐啊，我们一直坐着，屁股都有点麻了，连饮料都没有喝。"

李呦呦捏住陆媛媛帽子上的耳朵，说："你这个小馋猫，是不是早就想要可乐和薯片了？那我们休息一下，等会儿再继续。"

陈谋说："呦呦姐，要不要暂停录音？"

李呦呦说："不用，我事后剪掉这段录音就行了。你们先去拿些饮料和零食吧。"

陆媛媛和陈谋去厨房的冰箱里找饮料。李呦呦继续坐在桌前，拿起笔在那张提纲上写写画画。

陆媛媛问陈谋："小牛哥哥，我还没完全搞懂那四类问题的区别。你呢？"

陈谋喝了口饮料，说："我还好。你可以先思考这个问题，'提问者想要获取什么信息？'"

陆媛媛："**提问者想要获取什么信息？**"

陈谋点点头，说："没错。**如果想知道语词和语句的含义，就会提出语义类问题；如果想了解事实情况，就会提出事实类问题；如果想知道不同的目标之间哪个更重要，就会提出价值类问题；如果想知道该怎么做才能达到某个目标，就会提出策略类问题。**"

陆媛媛说："我好像明白了，但好像又没有完全明白。"

051

我还没有完全搞懂那四类问题的区别。
KITCHN
如果想知道语词和语句的含义，就会提出语义类问题；如果想了解事实情况，就会提出事实类问题；如果想知道不同的目标之间哪个更重要，就会提出价值类问题；如果想知道该怎么做才能达到某个目标，就会提出策略类问题。

陈谋说:"你再反过来想想,那个提问者得到了自己想要的信息后,会获得什么好处?"

陆媛媛说:**"得到信息后会有什么好处?"**

陈谋说:"**如果知道了语义类问题的答案,就知道该如何使用那些语词和语句;如果知道了事实类问题的答案,就能了解这个世界是什么样子;如果知道了价值类问题的答案,就可以用这些答案指导自己的生活,帮助自己确立目标;如果知道了策略类问题的答案,就能知道实现目标的最佳方法是什么。**"

陆媛媛若有所思地点点头,然后说:"我大概明白这四类问题的区分了。那我们为什么要把问题区分成语义类、事实类、价值类和策略类?这么划分有什么好处吗?"

陈谋想了想,说:"这就得问大师姐了。"

陆媛媛和陈谋带了几盒酸奶,回到桌前。李呦呦打开一盒,几大口就喝完了。她擦擦嘴,问两人:"你们觉得做播客累吗?"

陆媛媛舔完酸奶盖后,忧愁地说:"当然累啦。你们俩说话好快,我都有点跟不上了。"

陈谋说:"等这一期播客录完以后,团子你可以再听几遍录音。孔子说过,学而时习之,不亦乐乎?"

陆媛媛说:"孔子又不是我们逍遥学派的人。"

李呦呦又开了一盒酸奶，慢条斯理地说："我们逍遥学派不会在乎门派之别。只要是合理的建议，不管是谁说的，我们都会采纳。哪怕是大笨蛋或大魔王说的话，只要说的是真的，我们也都应该相信。我还会整理出文字版的知识点大纲，附在播客里，供大家复习用，也许能达到温故而知新的效果。"

陆媛媛拱手说道："谨遵大师姐的教诲。大师姐，我们为什么要把问题区分成语义类、事实类、价值类和策略类啊？"

李呦呦想了想，说："团子，你不是想参加辩论赛吗？辩论赛的辩题就是问题，而正反双方对这同一个问题给出了截然相反的回答。正方和反方都想说服对方，以及在场的观众，让他们认为自己这方给出的回答更可信。那我们现在给问题做了分类，也就相当于给辩题分了类。不同类型的辩题，有着不同的辩论策略。所以，**给问题分类，可以帮助我们依照不同的流程，制订相应的计划，努力回答好这些类型的问题**。而且，就算不参加辩论赛，你也需要回答和解决学习、工作和生活中的种种问题。"

陈谋说："知识就是力量。团子，你比别人多知道一些，你的力量就比别人更强一些。"

陆媛媛的确想要比别人更强一些，她说："原来如此。那我们学校里的同学，会不会也知道这四类问题的区分啊？"

李呦呦说："绝大部分高中生不知道这四类问题的区分。即便是大学生，也大多不知道。不过，已经加入辩论社的学生，可能读过一些书籍。这些同学可能知道在辩论中常常把辩题分为事实类、价值类和政策类这三类。"

陈谋问:"呦呦姐,政策类和策略类有什么不同吗?"

李呦呦说:"你可以把政策类当作一种特殊的策略类问题。这类辩论题关注的是要不要推行某一项具体的新政策来取代旧政策。通常指政府的政策,有时也涉及学校或公司的政策。比如,某国政府是否应该让安乐死合法化?是否应该让器官交易合法化?是否应该努力建设月球基地?某某学校是否应该在校园里全面禁烟?某某公司是否应该允许员工带宠物上班?"

陆媛媛问:"大师姐,你为什么把问题分为四类,而辩论题则只分为三类,少了一个语义类?"

李呦呦顿了顿,说:"这个四分法,是我从一位老朋友那里知晓的。他从逻辑学的视角来给问题分类。这个视角关注的是如何获知真理,如何从一些真理推理出另一些真理,如何让人们相信某个命题是真理。因此,他关注的是真理,也就是真命题。他先把命题分为四类,因为这四类命题有着不同的真值条件。由于命题可以作为问题的答案,因此真理这个视角是先给答案分类,再以答案的类型来定义问题的类型。而辩论则是另一种不同的视角。你可以把辩论看作一种用语言来对抗的比赛,类似足球赛和篮球赛。这类比赛要让参赛者打得开心,让观众看得开心,因此要有明确的规则,且规则不能太复杂。而针对语义类问题的辩论,没什么观赏性。**语义类问题要么很容易回答,要么非常难回答。**很容易回答的语义类问题，如'林檎是什么意思？'，双方争辩不起来。再如'智慧是什么意思？'或者'什么样的人是真正有智慧的人？'，这类问题非常难回答，需要回答者具备大量跨学科的知识和卓越的概念分析能力。一般的辩手或者观赏辩论的观众，都不具备这样的知识和能力。因此，双方也争辩不起来。"

陆媛媛说："我和二师兄之前把辩论比作拔河比赛。如果比赛的一方是四个大力士，另一方是四个小孩子，那一眼就能看出胜负，完全没必要再比试了。而如果参加比赛的人都不知道怎么拔河，裁判和观众也不知道怎么判断比赛的胜负，那比赛也无法举行。这就是大师姐你的意思吧？"

李呦呦说："没错。小师妹果然天资聪颖，一下子就抓住了精髓。"

听了李呦呦对自己的夸奖，陆媛媛十分开心，似乎自己真的变得更强了一些。她说："那我们继续录播客吧，喵喵~"

李呦呦说："好，那我们现在继续讨论语义类、事实类、价值类和策略类这四类问题和命题的关联。这四类问题不是并列关系，而是一个递进的关系。"

陈谋问："是什么样的递进关系？"

李呦呦说："你们可以**想象一个四层高的塔，第一层是语义类命题，第二层是事实类命题，第三层是价值类命题，最高层则是策略类问题。下层为上层提供支撑。要回答上层的问题，必须先回答下层的问题。**"

陆媛媛在脑海中浮现起古代木塔的形象，说："好复杂的样子。"

李呦呦摇摇头，说："不复杂，我举几个例子你就明白了。比如，要回答第二层的事实类问题，我们必须先回答更下层的语义类问题。'陆媛媛是胖子吗？'这是一个事实类问题。为了回答这个问题，我们必须先回答这些语义类问题——''陆媛媛'是什么意思？''是'是什么意思？''胖子'是什么意思？'"

陆媛媛说："我才不是胖子呢。也许我小时候是个胖子，但现在不是了。"

李呦呦戳了戳陆媛媛的细腰，说："是的，小团子现在是个瘦团子了。不过，我们要先确定'陆媛媛'这个词的意思，也许它是指另一个叫陆媛媛的人，而不是指你。'是'的意思很简单，所以我们一般不问它是什么意思。'胖子'的意思也很简单。我们现在经常用 BMI 指数来确定一个人是不是胖子。BMI 是用一个人的体重数（公斤）除以身高（米）的平方，如果算出来的结果大于 25，我们也许就会把这个人叫作胖子了。小师妹，你的 BMI 是多少？"

陆媛媛说："我体重 42 公斤，身高 1.5 米。"

陈谋拿出手机，打开了计算器，很快就算出了结果："你的 BMI 是 18.67。"

李呦呦也拿出手机，查了查 BMI 的正常范围，说："18.5 到 25 都算是正常体重，媛媛你现在属于正常体重，而且还是偏苗条的那种。你要是再瘦一些，估计就体重过低了。"

陆媛媛问："那二师兄和大师姐的 BMI 是多少？你们算是胖子吗？"

李呦呦赶紧转变话题："先不说这个了。我举这个例子是要说明，要想回答事实类问题，必须先回答语义类问题。同理，要想回答三楼的价值类问题，就需要先回答一楼的语义类问题和二楼的事实类问题。而如果要回答四楼的策略类问题，就必须先回答前三类问题。所以，策略类问题是四类问题中最复杂的。比如，'我该怎么做才能变得更漂亮？'，这是一个策略类问题，它问的是哪种行动方案能高效地达到'变得更漂亮'这一目标。为了回答这个问题，首先，我们先回答一个价值类问题——'变漂亮是一个值得优先追求的目标吗？'，其次，再问一个关于因果关系的事实类问题——'哪些方法能导致一个人变得更漂亮？'，最后，我们还要问一个语义类问题——'漂亮是什么意思？'"

陆媛媛说:"这么说来,策略类问题确实很复杂。那么,我们该怎么做才能变得更漂亮?"

李呦呦说:"假设有人回答,'我们应该通过敷面膜的方式来让自己变得更漂亮',你觉得这个回答可信吗?"

陆媛媛想了想,说:"不知道。"

李呦呦说:"这个回答是一个策略类命题,它建立在相应的价值类命题、事实类命题以及语义类命题的基础之上。你们觉得,要让我们相信'我们应该通过敷面膜的方式来让自己变得更漂亮'这个命题,我们必须事先相信哪些命题?"

陆媛媛说:"我知道了。我们还需要先相信'变漂亮是一个值得追求的目标'这个价值类命题。假设我们已经足够漂亮,或者我们有比变漂亮更重要的目标,那么我们也就不必敷面膜了。"

陈谋说:"没错,我们还需要相信'敷面膜的确可以让人变得更漂亮'这个事实类命题。假设我们不认为面膜能起到这个作用,也不会选择敷面膜。而且,就算面膜有用,也许还有别的方式更有用,说不定成本更低呢。"

辩题:我们应该通过敷面膜的方式来让自己变得更漂亮?

李呦呦说:"你们说得很对。这个命题还建立在对于'漂亮'一词的特定解读之上。面膜可以让面部皮肤保持湿润,从而让脸蛋一时间看起来更有光泽。但我们一般不认为漂亮就是脸蛋在某个时间段里更有光泽。漂亮是对一个人的脸、发型、身材、衣着、走路姿势等各方面的综合评价。而且不同时代和地区的人,采用的评价标准也不一样。如果不先确定'漂亮'这个词是什么意思,就无法回答包含'漂亮'这个词的问题。所以,我们要先回答语义类问题,再回答事实类问题,然后回答价值类问题,最后才是策略类问题。"

陆媛媛说:"这就好比,如果我们要去四楼,要先从一楼开始,登上二楼,再登上三楼,最后到达四楼,对吗?"

李呦呦点了点头。她看了看时间,觉得录得足够长了。于是拿出一张纸,放在两人的面前,指着纸上的几行字,说:"没错,这就是语义类、事实类、价值类和策略类这四类问题和命题的关系。以上就是我们逍遥学派的散步时间第一期的内容了。下一期我们要讨论语义类问题和命题。我是李呦呦。"

陈谋说:"我是陈谋。"

陆媛媛说:"我是陆媛媛。"

三人异口同声说:"我们下期再见。"

说完再见,三人都像松了一口气。李呦呦接下来要忙着剪辑录音文件,增加一些文字材料。陈谋则给李呦呦打下手。陆媛媛还是个高中生,得回去写家庭作业了。

第三章
语言与思想：这是什么意思？

9月23日，星期五，下午

今天是辩论社这学期组织的第一次活动。陆媛媛这才知道那位邀请自己加入社团的学长的名字——许谨言。许谨言是辩论社社长，此刻正和副社长武珊珊一起站在讲台上，向新加入社团的成员介绍辩论赛的规则。他们播放了一场辩论赛的录像。那是一场校际辩论赛的决赛，辩题是"高中生谈恋爱，利大于弊还是弊大于利？"。正方是本校，反方是外校。许谨言、武珊珊和另外两位同学代表本校出赛。在这场30多分钟的辩论赛中，他们四人多次将反方辩得哑口无言。四人的连珠妙语博得了观众的掌声和裁判的赞赏。最终，他们毫无悬念地赢得了决赛。

陆媛媛看着录像，仔细琢磨着正反双方的话。奈何双方说话都太快，她也没法按暂停键，所以很多问题都没有想清楚。不过，她对这个辩题很感兴趣——高中时期谈恋爱到底是利大于弊，还是弊大于利呢？

海方是陆媛媛的同班同学，他也加入了辩论社，此刻正坐在陆媛媛旁边。东张西望的他发现了什么，就用手肘杵了杵陆媛媛，说："你看那边，林琴也加入了辩论社。不知道她的辩论水平高不高？"

林琴和陆媛媛、海方当年就读于同一所初中，现在三人也都升入了同一所高中。陆媛媛和海方一直同班，而林琴则与两人不同班。不过，林琴的名字可是无人不晓。她是个琴棋书画样样精通的美少女，连学习成绩也时常是全年级第一。同学们都觉得，像林琴这样的女孩，就像从漫画书里走出来的，和其他同学完全不是同一种画风。

陆媛媛看了看林琴所在的位置，小声说："再过一段时间，我的实力一定不比她弱。"

海方以为陆媛媛在说笑话，但见她表情认真，就问她："你怎么突然这么自信？"

陆媛媛微微一笑，脑海里浮现出李呦呦的身影，说："我从大师姐那里获得了一本辩论秘籍。"

海方继续问："大师姐？秘籍？我也想看秘籍。"

陆媛媛摇着头，说："你骨骼不够清奇，看了也没用。"然后她又继续专心看录像了。

海方只当陆媛媛在开玩笑，也就没有继续问下去。社团活动结束后，陆媛媛本想找许谨言说说话，可许谨言一直和武珊珊在一起，俩人忙前忙后，有说有笑，陆媛媛找不到插话的时机，于是就回家了。

9 月 24 日，星期六，早晨

陆媛媛今天一改睡懒觉的习惯，早早起了床。她又听了一遍上周六录的播客，觉得自己又精进了一点点。三人在陆媛媛家吃过早饭，便去了李呦呦的卧室兼书房，准备录音。

李呦呦拿出提纲，按下了录音按钮，说："欢迎来到第二期逍遥学派的散步时间，我是大师姐李呦呦。"

陈谋说："我是二师兄，陈谋。"

陆媛媛说："我是小师妹，陆媛媛。"

李呦呦说："上次我们把问题和命题分成了语义类、事实类、价值类和策略类这四类。我们探讨了这四类命题的区别和联系。这次我们要重点讨论语义类问题和命题。媛媛，你说什么是语义类问题？"

陆媛媛信心十足地回答：**"语义类问题就是问某个语词或语句是什么意思的问题**。比如，'林檎'是什么意思？'认识论'是什么意思？什么样的人算是真正有智慧的人？"

李呦呦说："那什么是语义类命题？"

陆媛媛说："语义类命题就是语义类问题的答案。"

李呦呦问："人们会在什么情况下问语义类问题？"

陆媛媛说："小宝宝刚开始学习母语时会问，我们学外语时也会问。如果遇到不认识的专业术语，我们也会问语义类问题。"

李呦呦问:"还有没有别的情况?"

陆嫒嫒歪着头,说:"想不到了。"

李呦呦说:"其实,凡是当人们觉得某个语词或语句的意思不够清晰、不够明确时,就会提出语义类问题。只有当人们知道语词的外延时,才会认为语词的意思足够明确了。只有当人们知道语句的真值条件时,人们才会认为语句的意思足够明确了。"

陈谋也算是遇到了"生词",他问:"外延和真值条件是什么意思?"

陆嫒嫒说:"我也想知道这两个词是什么意思。"

李呦呦说:"你们看,当你们遇到不认识的专业术语,比如'外延'和'真值条件'这两个词,就会习惯性地提出语义类问题。这是一个很好的习惯。**当我们遇到不明白的词或者句子时,不应该不懂装懂,而是应该大胆地追问那个词或那句话是什么意思**。不过,在探讨外延和真值条件这两个关键词之前,我们先来思考一下,语词和语句分别是什么东西?"

陈谋觉得这个问题很简单,他说:"语句不就是人们说的话吗?语词比语句要短一些,把语词组合起来,就可以形成语句。"

李呦呦说:"没错,语句是人们说出来的话。其实,用笔写下来也可以,不必非得说出来。甚至,聋哑人可以用手语交流,通过手势来表达语句。盲人可以在纸上打点来刻画盲文。我们可以说出语句、写出语句,还可以手舞足蹈或者通过其他方式来表达语句。"

陈谋说:"对哦。你不说我都没想起还有手语和盲文。我原本以为语句就是一段声音,或者表达那段声音的文字。这么说来,语句也可以是一连串的动作或者纸上的一些突起的小点。"

李呦呦摇摇头,说:"声音、文字、动作、纸上突起的小点都不是语句,它们是语句的载体。打个比方,一张电影光盘本身只是一张圆形的塑料片,不是电影。电影是这张光盘里承载的信息。语句也是抽象的信息,而声音、动作以及纸上的文字或突起的小点,是这些抽象信息的具体载体。"

陆媛媛没有想到语句这么常见的东西也有这么多讲究,她问:"那语句到底是什么呢?语句就是信息?"

李呦呦说:"**语句是人类表达思想和情感的符号串**。不知道你们还记不记得语文老师或英语老师讲过的语句的分类?我记得是分成了四类——陈述句、祈使句、疑问句、感叹句。当我们想要表达自己的情绪和感受时,会用感叹句,比如,'榴梿真好吃!''我的腿好痛!''九寨沟的风景真美!'。当我们想要别人给我们提供一些信息时,就会用疑问句。当我们想要别人做某些事情时,就会用祈使句,比如,'请你帮我倒一杯水''希望你不要抽烟''请你不要迟到'。陈述句则是命题最常见的载体。你们还记得命题是什么吗?"

陆媛媛说:"我记得,二师兄说过好多次了。命题就是有真假之分的语句。陈述句一般都是有真假之分的吧?所以,陈述句应该都算是命题。"

李呦呦点点头,说:"没错,有时候我们也把反问句当作一种特殊语气的陈述句,所以反问句也算作命题。总之,当我们想要告诉别人一些我们认为真实的情况或者虚假的情况时,我们就会使用陈述句。假设我想说假话,我会说'我书柜里的书不超过 100 本',假设我想说真话,我会说'我书柜里的书远超过 100 本。'这两句都是有真假之分的陈述句。"

陆媛媛问:"大师姐,你一共有多少本书啊?"

李呦呦说:"你现在用了一个疑问句来让我给你提供一些信息。而我则会用陈述句向你提供这些信息。如果算上我买的电子书的话,我应该有 8000 多本书了。具体多少本,我没有数过。"

陈谋问:"大师姐,你都读完这些书了吗?"

李呦呦笑了笑,说:"当然没有啦。我会根据自己的需要来读书。有些书认真读了好多遍,有些略读了一下,有些则只是读了其中的部分章节。好了,我要用祈使句来表达我希望你们做的事情了——现在不要扯远了,说回正题。"

陆媛媛摆正了坐姿,说:"好,说回正题。"

李呦呦看了看提纲,说:"刚刚我们已经说了陈述句、祈使句、疑问句、感叹句这四类语句。这些语句都是人类表达自己的思想和情感的符号串。除了这四类语句之外,还需要补充一类,叫作述行句。述行句的特殊之处在于,当人们说出、写出或者用别的方式表达出这些语句时,实际上已经做完了某些事情、达到了某种效果。我说一个祈使句,你们可以不按我说的去做。我说一个疑问句，你们可以不回答我的问题。我说一个陈述句，你们可以相信或者不相信我的话。我说一个感叹句，你们可能不会有类似的情绪和感受。但当我说一个述行句时，我就已经做了一些事情，不用再管你们怎么想了。比如，假设我们正在下棋，我说'我认输'，那我就已经输了。假设我不小心弄痛了你，我说'很抱歉'，那我就已经道歉了。"

陈谋若有所思地点点头，说："述行句，这个名称有意思。通过述说来行事，说话也可以算是做事。"

陆媛媛说："说话本来就可以是做事。我们三个现在不就是在说话？同时我们也是在做播客。"

李呦呦说："总之，**我们可以用陈述句、祈使句、疑问句、感叹句、述行句这五类语句，表达我们的思想和情感，让别人知道我们的希望和信念**。别人也会用语句来和我们沟通。这种沟通可以跨越时空。我现在可以读到2000多年前，柏拉图和亚里士多德写下的语句。而数千公里外的人也可以通过互联网，听到我们三个人此刻说的语句。因此，**语句非常重要，它是人类的思想和情感的载体，也是连接不同人的桥梁**。"

陆媛媛说："原来语句这么重要啊。"

李呦呦说："是的。所以说，我们一定要确保自己知道语句的真值条件，这样才能确保我们理解了语句的意思。如果我们不清楚语句的真值条件，就会提出语义类问题，追问那些语句到底是什么意思。"

陆媛媛问:"真值条件这个词是什么意思呢?"

李呦呦说:"真值条件这个词其实很好理解,**一句话的真值条件就是这句话为真的条件**。比如,'我是女性'这句话为真的条件,就是我这个人的确有一些生理特征,这些生理特征导致我被算作女性,比如,我的第 23 对染色体是 XX 而不是 XY。'我今年 28 岁'这句话的真值条件,就是从我出生之时到今天,地球已经绕着太阳转了 28 圈。总之,**如果我们知道一句话的真值条件,就知道这句话在什么具体情况下为真**。"

陈谋问:"假设一句话是假的,那怎么办呢?"

李呦呦说:"**假话也有真值条件**。比如,'陆媛媛是个大胖子''李呦呦今年 38 岁''陈谋是可爱的女孩子'这些句子,它们都是假的。但是我们理解这些话的意思,知道它们在什么条件下为真,只是这些条件都不满足,所以我们说这些句子都是假的。"

陆媛媛问:"有没有什么话是没有真值条件的?"

李呦呦说:"小师妹,你提到了一个非常关键的问题。如果一个句子没有真值条件的话,那么它实际上就没有意义。比如,'绿色睡着了''偶数很美味''星期二躺在床上'这些句子,它们没有真值条件。我们想象不到一些具体的场景,能让这些句子为真。毕竟,绿色是一种颜色,它不可能睡觉;偶数不是食物,而是一类整数,整数是抽象的东西,不能吃;星期二也没有躯体,不能躺在床上。"

陈谋觉得这些句子一听就太假了,他说:"这些句子是不是病句?它们完全说不通啊。"

李呦呦看了看提纲，说："这些句子很明显没有真值条件。因此，我们不会被这些句子迷惑。但有些句子，我们并不清楚它们的真值条件，却误以为自己知道它们何时为真。这些句子的迷惑性很强。比如，'美国不高兴''病毒很邪恶''祖国是我的母亲''生命是宝贵的''真理是无价的''狗是人类的朋友''男人比女人高'。"

陆媛媛觉得很奇怪，她问："这些句子听起来没毛病啊。为什么说它们没有真值条件呢？"

李呦呦说："如果我们追问它们的真值条件是什么，人们答不上来。我问你，'美国不高兴'这句话，在什么具体条件下为真？"

陆媛媛想了想，说："如果美国确实不高兴的话，那么'美国不高兴'这句话就为真。"

李呦呦说："但是，美国是一个国家，它又不是动物或人。我们可以说一只猫不高兴，或者一个人不高兴，因为这些动物的神经系统可以让它们产生'不高兴'这种情绪。而国家没有神经系统，国家是无法表现出任何情绪的。"

陆媛媛修改了自己的说法，她说："那么，如果所有美国人都因为某件事情不高兴，'美国不高兴'这句话就为真。"

陈谋觉得陆媛媛的回答不靠谱，他说："美国有几亿人口，不太可能几亿人都因为某件事情而不高兴。毕竟，众口难调。所以说，'美国不高兴'这句话应该是说，美国总统不高兴，或者某个有资格代表美国的发言人表示不高兴。"

李呦呦点点头，说："你说得很对。假设我们说'某年某月某日，美国总统因某个事件而表示不高兴'，这样的句子的真值条件就很明确。我们知道该如何检验它是否为真。但如果只是说'美国不高兴'，这样的句子的真值条件就很不明确。我们不知道如何去检验它是否为真。"

陆媛媛听了李呦呦的解释，好像明白了什么。她现在觉得，**句子越是抽象，真值条件就越不明确**。她说："我大概明白了真值条件是什么意思了。那么为什么说'病毒很邪恶'这句话的真值条件不明确呢？病毒杀死了好多人，这难道不说明病毒确实很邪恶吗？"

陈谋摇摇头，说："不是所有病毒都会导致人类死亡，有些病毒只会导致人类流鼻涕、打喷嚏。"

李呦呦说："更重要的是，病毒是一种由蛋白质和核酸构成的非常小的东西。你可以把病毒看作超级小的机器，它们可以利用生物体的细胞来自我复制。病毒这种小东西没有思想和动机，它们只是机械地运动。因此，我们可以说某个利用病毒来杀人的科学家或军人非常邪恶，但不能说病毒很邪恶。人类可以利用病毒来发展医学或纳米技术，也可以用病毒来害人。"

辩题：

'病毒很邪恶'这句话有真值条件吗？

一句话的真值条件就是这句话为真的条件。
病毒杀死了好多人，这难道不说明病毒确实很邪恶吗？
但有些句子，我们并不清楚它们的真值条件，却误以为自己知道它们何时为真。这些句子的迷惑性很强。比如，“病毒很邪恶”。
病毒这种小东西没有思想和动机，它们只是机械地运动。我们可以说某个利用病毒来杀人的科学家或军人非常邪恶，但不能说病毒很邪恶。

陈谋觉得呦呦说得很对，他说："病毒本身无所谓邪恶或者善良。'利用病毒来杀人的张三很邪恶'这话有真值条件，因此它的意思很明确。但'病毒很邪恶'这话没有真值条件，我们不知道它是什么意思。"

李呦呦露出赞许的笑容，说："看来二师弟你已经掌握了判断一句话有没有明确的真值条件的诀窍了。"

陆媛媛没有得到呦呦的夸奖，内心有点失落。她说："二师兄，快教教我诀窍。"

陈谋想了想，说："我也不确定我的做法算不算是诀窍。总之，**拿到一句话之后，我会先试着想象一个非常具体的场景。如果那个场景出现了，我就认为那句话为真。但如果我无论如何也想象不出那样的具体场景，我就认为那句话没有真值条件**。比如，'祖国是我的母亲'这句话，我想象不出一个使得它为真的具体场景。"

陆媛媛觉得这句话是有真值条件的，她说："我可以想象出一个具体的场景，比如，一个人站在讲台上朗诵诗歌，诗歌中有一句'祖国是我的母亲'。"

陈谋摆了摆手，说："你想象出的这个场景不是'祖国是我的母亲'这句话的真值条件。而是'某人在讲台上说了"祖国是我的母亲"'的真值条件。我想的是，祖国如果是我的母亲，那我就是从祖国的子宫中诞生的，祖国还会把我抚养长大。并且，祖国则是从我外婆的子宫中诞生的。但这样的场景是不合理的、无法想象的。祖国没有身体，无法孕育或者抚养任何人。祖国也不是我的外婆生的。"

陆媛媛拿起水杯，喝了口热水，说："好像是这么回事。那'生命是宝贵的'和'真理是无价的'这两句话呢？为什么说它们俩没有真值条件？"

陈谋也喝了口水，说："拿到'生命是宝贵的'这句话，我会想象出一个天平，天平右边盘子上放的是生命，左边盘子上放的是砝码。即便左边放再多砝码，盘子右边的生命依然更重。不过，仔细一想就会发现这个场景不合理。生命又不是心脏这种具体的器官，无法放在盘子上。

而且，这句话又没有说清楚是什么东西的生命。假设有个蚊子要叮我，那我肯定一巴掌拍死它。那这个蚊子的生命对我来说一点都不宝贵。就算只考虑人的生命，那也要分情况来讨论。假设我是某个人的仇人，我的仇人巴不得我早点死，那他一定不会觉得我的生命很宝贵。"

生命天平

陆媛媛说："我好像懂了。'生命是宝贵的'这句话，说得不够明确。要具体说"张三的生命对于李四来说是宝贵的"，这样的话，真值条件就很明确了吧？"

李呦呦拿起水壶，给陆媛媛的杯子里倒满水，说："小师妹，你也渐渐掌握诀窍了。你来说说，'狗是人类的朋友'和'男人比女人高'这两句话，为什么说它们的真值条件不明确？"

陆媛媛说:"我想到了一个场景。假设我养了一条狗,我对那条狗非常好,经常带着狗出门散步,给狗买好吃的食物,帮狗洗澡。在狗生病时,我也会尽力为狗治病。那条狗对我也非常好,我夜里上厕所怕黑时,狗会来陪着我。要是有坏人来绑架我,狗会保护我。这样一来,我就能说那条狗是我的朋友。但是,并不是所有狗都是我的朋友。有些狗非常凶,想咬我,那些狗就不是我的朋友。而且我的那条狗也不是所有人的朋友,至少不是那些想绑架我的人的朋友。所以,'狗是人类的朋友'这句话的真值条件不够明确,要改写成'某条狗是某个人的朋友'这样才比较明确。"

李呦呦说:"其实,把'狗是人类的朋友'改成'所有狗是所有人的朋友',意思也足够明确。因为我们可以设想一个场景,所有人对所有狗非常好,且所有狗也对所有人非常好。虽然这个场景不太可能发生,但它是可以想象的。所以说,'所有狗是所有人的朋友'这个命题虽然为假,但它的真值条件是明确的。而'狗是人类的朋友'则没有明确的真值条件,所以这句话没有意义。"

陆媛媛说:"我明白了。'男人比女人高'和'狗是人类的朋友'一样,也需要改写,可以改写成'所有男人比所有女人高'。"

陈谋说:"还能改写成'所有男人比有些女人高','有些男人比所有女人高','有些男人比有些女人高'。"

李呦呦说:"还能改写成'某个国家的成年男性的平均身高比成年女性的平均身高要高'。"

陆媛媛没想到这么简单的一句话还能有这么多不同的改写方式，她说："大师姐，面对真值条件不明确的语句时，我们是不是需要把它们改写成真值条件更明确的语句？"

李呦呦说："没错，这就是我们回答关于语句的语义类问题的方法。**如果有人问你某句话是什么意思，那个人实际上是希望你给出那句话的真值条件，而你要做的就是把那句话改写成真值条件更明确的句子。**这样一来，那个人一下子就明白了那句话的意思，不会再有任何困惑，也就不需要再提出语义类问题了。假如我问你，'陆媛媛是一个小公主'这句话是什么意思？你要怎么回答这个语义类问题？"

陆媛媛说："我是一个小公主？如果我爸爸是皇帝，或者我妈妈是女王，而我的年龄又很小的话，那我就算是小公主。"

陈谋说："这句话应该不能从字面意思上理解。"

李呦呦说："没错。这句话是一个隐喻。'陆媛媛是一个小公主'，意思可能是说'陆媛媛像童话故事里的小公主一样可爱，惹人喜欢'，或者'陆媛媛受到了公主般的宠爱和照料'。这句话也可能是贬义的，比如，'陆媛媛像蛮横的公主一样，目中无人，对他人颐指气使。'"

陆媛媛此时已经充分认识到语句的复杂性了，她说："那'陆媛媛是一个小公主'这话到底是什么意思呢？这句话好像有很多种不同的真值条件。"

李呦呦说："这就需要我们根据语境来判断哪种真值条件是说话人想

表达的意思了。陈谋，你觉得我在说这句话时想表达什么意思呢？"

陈谋笑着说："大师姐最喜欢小师妹了。所以，这句话的意思一定是'陆媛媛像小公主一样可爱，并且大师姐还会像宠爱公主一样宠爱陆媛媛。'"

李呦呦也笑了，她说："是的。我们再来考虑一个关于爱情的隐喻。'小明打败了情敌小强，成功俘获了小莉的芳心'这句话的真值条件是什么？"

陆媛媛竖起一根食指，说："我知道了，这些话不能从字面意义上理解。小明肯定不是把小强打了一顿，然后又把小莉抓来做了俘虏。这句话的意见应该是说，小明和小强展开了某种竞争，小明在竞争中取得了优势，证明了自己更优秀，从而让小莉更喜欢自己而不是小强。"

李呦呦说："没错。**有些时候，我们不能从字面意思去理解别人说的话，而是要考虑别人的言外之意**。总之，如果我们遇到真值条件不明确的语句，就要想办法将其改写成真值条件足够明确的语句。而且改写的时候要考虑说话人的意图，要去猜测说话人究竟想要表达什么意思。"

陆媛媛说："知道了。**在改写别人的话时，要去猜测别人的意图**。"

李呦呦拿起水杯，喝了口水，继续说："不过，有时候别人说的一些语词太不精确，我们完全猜不出来是什么意思。之前说到，语句是由语词组成的。如果组成一句话的语词的外延不明确，那么这句话的真值条件也不会很明确。这个时候，要想将其改写成真值条件更明确的句子，我们需要先把语词的外延变得明确。"

陆媛媛说:"语词的外延是什么?"

李呦呦欣慰地点点头,说:"语词的外延就是语词所指的具体对象。比如,'鲁迅'的外延就是出生在浙江绍兴的一个作家,他是个存在过的人。'人'的外延就是所有人。'偶数'的外延就是 0、2、4、6 等数。'太阳系'的外延就是太阳以及围绕太阳转的天体。"

陆媛媛说:"我懂了。这就像数学老师讲的集合。'103 班的学生'就是一个集合,这个集合的元素就是这个班里的 52 个学生。这些元素属于这个集合。其他班的学生则不属于这个集合。大师姐说的外延就像元素。**语词就像集合。语词的外延就像集合的元素**。对吗?"

李呦呦说:"很对。那你还记得集合的表示方法吗?"

陆媛媛说:"我最近才学到。**集合有两种表示方法,一种是列举法,另一种是描述法**。列举法就是把集合中的每一个元素都列举出来。比如,'1 到 10 之间的偶数'这个集合,列举表示就是 {2、4、6、8、10},'103 班的学生'这个集合,用列举法表示的话,就是把那 52 个学生的名字都写出来。而描述法就比较简单了,直接说'103 班的学生'就算表示了这个集合。"

李呦呦说:"怎么用描述法表示偶数这个集合?"

陆媛媛说:"偶数是能被 2 整除的数,也就是除以 2 后不会留下余数的数。这样描述就能表示偶数了。"

李呦呦说:"没错。语词类似于集合。语词的外延类似于集合的元素。而刚刚你用描述法给出的描述,也可以叫作语词的内涵。**内涵是挑选出外延的方法**。偶数的内涵就是它是能被2整除的数。你知道这个内涵之后,就知道如何挑选出偶数的具体外延了。不过,有些语词的外延是不明确的。我们拿到这个语词后,也不知道它的外延是哪些具体对象。也可以说,我们拿到这个集合后,不知道这个集合里有哪些元素。"

陆媛媛问:"哪些语词的外延是不明确的呢?"

陈谋也跟着问:"大师姐再举几个外延不明确的语词的例子吧。"

李呦呦摇摇头,说:"不急。我们先来看导致语词的外延不明确的两个最主要的原因。一个是语词的歧义性,另一个是语词的模糊性。**歧义性是指语词有多个不同类的外延,并且我们无法依靠语境线索知道它此时指哪类外延**。比如,'东京'可能指日本首都或河南省开封市。'苹果'可能指一种水果,也可能指一家公司。"

陆媛媛说:"我明白了。多义词就是有歧义的。比如,英文单词bank就有两个不同的意思,一个是银行,另一个是河岸。"

李呦呦说:"没错。假设你说了一个多义词,我不知道你说的是哪一种意思,那么你说的这个词对我来说就是有歧义的。此时,我就会提出语义类问题,问你那个词是什么意思。比如,你说'楼下的那家超市关门了'。'关门'这个词就是有歧义的,它的意思可能是指到了停止营业的时间后,把大门给关上了,也可能是指永久停业了,不再营业了。假设我们楼下有两家超市,一家在路的西头,一家在路的东头。当你说

'楼下的那家超市'这个语词时，它也是有歧义的。我不知道你说的是西头的这家还是东头的那家。"

陈谋明白了什么是语词的歧义性，他问："那什么是语词的模糊性呢？"

李呦呦看陆媛媛还是一副似懂非懂的样子，说道："先不急，我再举几个语词歧义的例子。你听这话，'因为高深的哲学都很难懂，所以好懂的哲学都不高深'，你觉得这句话里哪个词有歧义？"

陈谋说："这话好像不太对。把'哲学'变成'物理学'就更明显了。高深的物理学很难懂，这是因为要先学很多数学知识，才能掌握高深的物理学。所以高深的物理学对于数学知识少的人来说很难懂。但是，'好懂的物理学都不高深'这句话不太对。《费曼物理学讲义》就很好懂，但它里面的知识一样很高深。"

陆媛媛也觉得这话不对劲，但没有看出是具体哪个词不对劲，她问："那么，到底是哪个词有歧义？"

李呦呦说："是'难懂'和'好懂'有歧义。'难懂'可能指需要许多背景知识才能理解，也可能指表述得过于复杂以至于难以理解。而'好懂'一词可以指这两种不同的'不难懂'。'哲学很难懂'，说的是哲学需要学习者积累一些背景知识才能理解。'好懂的哲学'则说的是语言表述得简明易懂。逻辑学算是哲学的子类。我们逍遥学派的散步时间探讨的就是逻辑学，也就是哲学。你们觉得我说的话算不算简明易懂？"

陆媛媛说:"当然算啦。"

李呦呦问:"那你觉得我说的话需不需要一些背景知识才能理解?"

陆媛媛想了想,说:"需要一点点吧。至少需要学了一点高中数学,知道如何表示集合。"

李呦呦说:"没错。我向你们分享的关于逻辑学和哲学的知识,它们既可以算好懂的,又可以算难懂的。现在,你们也来举几个语词歧义的例子。"

陈谋说:"我最近看到一个很神奇的例子,说一个人有三个妈妈。那个人有一个怀胎十月生下他的生母。但是生母用的是别人的卵子,所以生母和他没有血缘关系,他还有一个遗传学意义上的母亲。并且,生母和遗传学意义上的母亲都没有养育他,是另外一个女人把他养育成年。所以,这个人有生母、血缘母亲、养母这三个不同的妈妈。'妈妈'一词算是有歧义的吧?"

李呦呦点点头,说:"在这个案例中,'妈妈'的确是有歧义的。大部分人的生母、血缘母亲和养母刚好是同一个人,所以大部分人在提到'妈妈'这个词时是没有歧义的。"

陆媛媛说:"我最近也遇到了一个语词歧义的例子。有一次我和爸妈一起去吃火锅。菜单上有一款菜品叫'绿色面条'。我们以为是加了蔬菜汁做成的绿颜色的面条。结果面条上桌后依然是黄色的。服务员解释说,绿色面条是指生产过程对环境没有污染的面条,也可以叫作'环保面条'。总之，在这个语境中，'绿色面条'这个词也是有歧义的。"

李呦呦说："看来你们俩都已经知道如何识别歧义语词了。接下来我们来看另一个导致语词的外延不明确的原因——语词的模糊性。**模糊性是指语词没有明确的分界标准，并且我们无法依靠语境线索知道它此时指哪些外延。**比如，'美人''绿色''秃头'这三个词都是模糊的。我们难以划分出美人与非美人、秃头与非秃头、绿色与非绿色的明确分界线。头上一根头发都没有的人肯定是秃头，但头上只有一根头发的人也是秃头，只有两根头发的人也是秃头。同理，在绿色颜料里加入一点点蓝色颜料，它还是绿色，但加入太多就会变成介于蓝色和绿色中间的颜色，而我们无法精确区分蓝色和绿色的分界线。"

陈谋说："我大概明白了，凡是有模糊性的词，我们都无法给这个词的外延划分出精确界限。比如，'考试成绩很好的学生'这个语词，它就是模糊的。我们难以划分出'成绩很好'和'并非成绩很好'的分界线。我们也难以划分出'富人'和'非富人'的分界线。'好人'这个词也是模糊的。我们不清楚在'好'这个维度上要达到多少分才能算作好人。"

陆媛媛也想到了许多语词模糊性的例子，她说："这么说的话，日常生活中有好多语词都是模糊的。我们说夏天温度很高，'温度很高'就是模糊的，40度肯定算是温度很高，39度也算，38度也算。但有时候，29度也算是温度很高了。我们难以区分'温度很高'和'并非温度很高'的精确分界线。"

李呦呦说:"没错,日常生活中有许许多多模糊的语词。高、矮、美、丑、富、穷、大、小、多、少、好、坏这样的词都是模糊的。甚至,连鸡、鱼、羊这样的词也是模糊的。"

陆嫒嫒说:"鸡、鱼、羊这样的词也是模糊的吗?我们应该可以精确区分鸡和其他动物吧?"

李呦呦说:"我来问你,先有鸡还是先有蛋?"

陆嫒嫒摇摇头,表示自己不知道。她问:"这是个脑筋急转弯题目吗?"

陈谋果断地说:"肯定是先有蛋。鸡是一种鸟。而鸟类是恐龙演变而成的动物。所以,在没有鸡的时候,早就有了恐龙蛋。"

李呦呦问:"先不考虑鳄鱼蛋、乌龟蛋、蛇蛋、恐龙蛋等别的动物的蛋。让我说得更精确一点,是先有鸡蛋还是先有鸡?"

陆嫒嫒挠了挠头,说:"所有鸡都是从鸡蛋里孵出来的,所以应该是先有鸡蛋。但是,所有的鸡蛋又都是鸡生的,所以应该是先有鸡。这好像是一个循环,我也不知道先有鸡还是先有蛋了。"

李呦呦一边用梳子给陆嫒嫒顺头发,一边说:"之所以说'鸡'这个语词也是模糊的,就是因为我们很难区分'鸡'和介于鸡和恐龙之间的那个动物。那个远古的动物慢慢演变成了今天我们看到的鸡。我们可以给那个动物取名叫原始鸡。原始鸡和鸡之间没有明确的分界线。原始鸡蛋和鸡蛋之间也没有明确的分界线。这就像绿色和蓝色之间没有明确的分界线。所以,绿色和鸡这两个词都是模糊的。"

陆媛媛说:"这么说来,人也是模糊的了?人不是由原始人演变成的吗?"

李呦呦点点头,她拿出手机,从网络百科全书上找到一张图片,说:"'人'这个词的确是模糊的。我们现在说的人一般是指智人这个物种,这个物种大概是在 20 到 30 万年前出现的,是由另一种叫海德堡人的物种演变而成的。而海德堡人和智人之间并没有明确的分界线。"

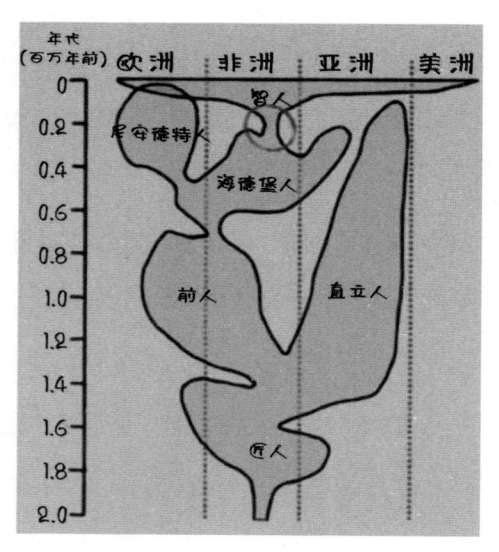

人类演化示意图[1]

---

1 该图引用自维基百科的"人类演化"这个词条。词条中的这张配图来自 2004 年的一篇论文:Genetic Analysis of Lice Supports Direct Contact between Modern and Archaic Humans,该论文的通讯作者是 David Reed,他就职于佛罗里达大学自然历史博物馆

陈谋感叹道:"看来**语词的模糊性**简直是无处不在。"

李呦呦说:"是的。**模糊性也可以叫作连续性、程度性**。电灯开关一般是没有连续性的,它要么开要么关,界限分明。而水龙头开关一般是连续的、程度化的。我们可以调大一点点或者调小一点点。世界上的很多东西更像水龙头开关,而不是电灯开关。除了鸡和原始鸡是连续的之外,'手机'和'电脑'也可以看作连续的。现在的智能手机功能已经很强大,有些都可以安装电脑上的操作系统了。而一些笔记本电脑也可以安装手机卡,可以打电话。所以,智能手机算是名副其实的掌上电脑。笔记本电脑又叫作膝上电脑。台式机则可以叫桌上电脑。"

陈谋问:"那有什么没有模糊性的语词吗?"

李呦呦说:"数学里面的很多语词都是没有模糊性的。比如'偶数',一个数要么是偶数,要么不是,界限分明。但在现实生活中,许多语词都是模糊的。不过,有时候我们可以容忍这种模糊性。比如,'张三爱李四'这句话里的'爱'就是模糊的。干柴烈火的爱算是爱,中等程度的爱也算是爱,平淡如水的爱也是爱。许多时候,我们不需要搞清楚张三爱李四的具体程度是多少。"

陆媛媛说:"也就是说,**有些时候,语词的模糊性不会影响语句的真值条件**,是吗?"

李呦呦说:"没错,**有些时候,语词的歧义性也不会影响语句的真值条件**。不过,当歧义性和模糊性妨碍我们搞清楚语句的真值条件时,我们就需要给语词下定义了。我要给你们分享两种最常用也最好用的定义方法，一种是属加种差定义法，另一种是操作性定义法。不知道你还记不记得生物学里面讲过的生物分类系统，界门纲目科属种？"

陆媛媛说："我还有印象。"

李呦呦说："那你还记得我们现代人是怎么归属于这个生物分类系统的吗？"

陆媛媛摇了摇头。陈谋拿起手机查了查，说："网上说，现代人类属于真核生物域动物界脊索动物门哺乳纲灵长目人科人属中的智人种。"

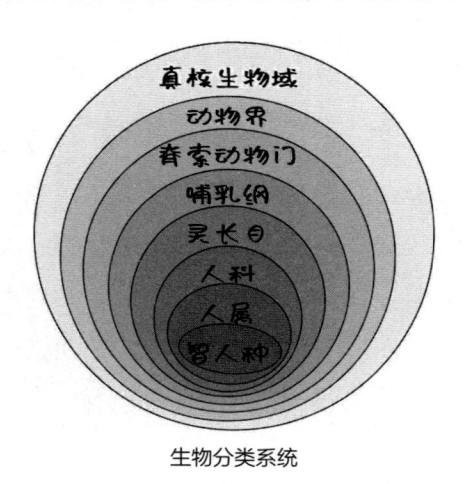

生物分类系统

李呦呦说："是的。我们先不考虑科以上的类别，只考虑属和种。属像一个大圈，种则是大圈里的一个小圈。用属加种差定义法来定义偶数，偶数就是能被2整除的数。所以，偶数的大圈是数，小圈则是能被2整除，它圈起来的数就是能被2整除的数。"

陆媛媛听得头都大了，她说："属加种差定义法看起来好难啊。"

李呦呦说:"不难的。**属加种差定义法很方便,而且也很常用。只要记住这两个问题,就能用好这种定义法。1. 要定义的那个东西属于哪个大圈?它的属是什么? 2. 要定义的那个东西和那个大圈中的其他东西,有什么关键的差异?它的种差是什么?**考考你们,怎么用属加种差定义法来定义圆、鸟、智能手机和老师?"

陆媛媛掰着手指头,说:"圆的属是什么呢?圆是一种图形,所以它的大圈是图形。圆和别的图形有什么关键区别?圆是圆形的。所以,圆就是圆形的图形?"

李呦呦摇摇头,说:"不能这么定义。你这是循环定义了。在定义一个语词时,我们不能直接或间接地用到这个语词。"

陈谋又用手机上网查了查,说:"圆是同一平面内到定点的距离等于定长的点的集合。所以,圆的属是同一平面上的一些点的集合,它的种差就是这些点到一个定点的距离等于定长。"

李呦呦点点头,说:"那么,鸟怎么定义?"

陆媛媛又掰着手指头,说:"鸟是一种动物,而且鸟有尖嘴巴,有羽毛,还会飞。所以,鸟就是有尖嘴巴和羽毛的会飞的动物。"

陈谋一下子就看出了陆媛媛定义中的漏洞,他说:"蜻蜓和蝙蝠会飞,但它们都不是鸟。企鹅和鸵鸟不会飞,它们也都是鸟。所以,会飞不是鸟的种差。一些恐龙也有羽毛,这些恐龙也不是鸟。"

李呦呦摸摸陆媛媛的头,说:"**当我们想把 A 定义成 B 时,还需要**

只要记住这两个问题，就能用好属加种差定义法。1. 要定义的那个东西属于哪个大圈？它的属是什么？2. 要定义的那个东西和那个大圈中的其他东西，有什么关键的差异？它的种差是什么？
考考你们，怎么用属加种差定义法来定义圆？
圆是同一平面内到定点的距离等于定长的点的集合。所以，圆的属是同一平面上的一些点的集合，它的种差就是这些点到一个定点的距离等于定长。

问这两个问题，1. 是不是所有的 A 都是 B？ 2. 是不是所有的 B 都是 A？ 比如，我们把衣柜定义成存放衣服的家具。那么，是不是所有的衣柜都是存放衣服的家具？是不是所有存放衣服的家具都是衣柜？"

陆媛媛说："挂衣架也可以用来存放衣服，如果挂衣架也算家具的话，那么有些存放衣服的家具就不是衣柜。这就说明不能把衣柜定义成存放衣服的家具，是这样的吗？"

李呦呦说："没错。再想想，该如何定义鸟？"

陆媛媛想不出来，她也拿出手机查了查，说："网上说，鸟是双足卵生恒温脊椎动物。那么鸟的属就是脊椎动物，它的种差就是双足、卵生且能保持恒温。"

李呦呦点点头，说："再来想想，怎么定义你手里拿的智能手机？"

陆媛媛敲了敲手上的手机，说："智能手机肯定是一种手机，所以它的属是手机。它的种差嘛，我还要想想。"

李呦呦问："智能手机和不智能的手机有什么关键差异？"

陆媛媛问："什么叫关键差异？"

李呦呦说："关键差异是和不关键差异相对的。对于手机来说，颜色、重量、材质、产地这些差异都是不关键的差异。功能上的差异才是关键的差异。"

陈谋仔细看着自己的手机，想了想，说："智能手机可以上网，可以从应用商店里下载 App 来扩展新功能。之前说了，智能手机可以算作能打电话的掌上电脑。而不智能的手机就只是移动电话而已。"

李呦呦说："那么，我们可以这么定义智能手机。智能手机就是可以从互联网上下载 App 来扩展新功能的手机。最后一个问题，怎么定义老师？"

陆媛媛说："大师姐就是我的老师，喵~"

李呦呦笑着说："你要是想用列举法来表示集合的话，就要把每一个老师都列举出来了。快想想，怎么用描述法来表示老师这个集合？"

陆媛媛说："老师就是教学生学习知识的人。"

李呦呦说："没错。老师就是教学生学习知识的人。你查查网络百科全书上的说法，看看和你的定义是否一样。"

陆媛媛打开手机查了查，说："基本一样。网上说，老师就是帮助学生获取知识、技能并养成特定习惯的人。"

李呦呦说："很好。只要你们多练习，熟练以后，属加种差定义法对你们来说就很简单了。另一种常用的方法就是**操作性定义法，就是用一些具体的、可观测的、可执行的、可重复的流程和动作来精确地定义某个语词**。这样一来，我们通常可以得到一个可以量化的精确语词。我们之前用 BMI 大于 25 来定义肥胖，这就是操作性定义法。"

陈谋说："操作性定义法就像在用尺子进行测量。"

李呦呦说:"是的。如果有尺子就用尺子去测量。没有尺子的话,就发明尺子去测量。比如,'聪明人'这个语词的操作性定义可以是在韦氏智商测试中得分大于 130 的人。'穷人'可以定义为每天的生活费小于等于 1.9 美元的人[1]。"

陆媛媛说:"那该如何进行操作性定义呢?"

李呦呦说:"为语词制定操作性定义,这是一件难度较高的技术活。**目前我们遇到的大部分语词,都不需要我们自己去制定操作性定义**。我们可以向专家请教,询问科学家、工程师、医生、律师、厨师等各行各业的专业人士,让他们告诉我们某个语词的操作性定义是什么。你也可以上网搜索一下,看能不能找到操作性定义。实在找不到的时候再来问我吧。"

陈谋说:"大师姐,假设我们学会了操作性定义法和属加种差定义法,是不是就能避免语词的歧义性和模糊性了呢?"

李呦呦说:"理论上是的。如果我们学会了如何给语词下定义,也学会了如何将真值条件不明确的语句改写成真值条件足够明确的语句,那我们就能回答好语义类问题了。只是在实践中,我们还是会遇到不少困难。比如,**有些时候,语词有多种不同的定义方式,语句有多种不同的改写方式,这些不同的定义方式和改写方式之间似乎没有优劣之分。如果遇到了这样的困难,我们就要向别人请教了**。"

---
[1] 各个国家和地区有不同的贫困标准。1.9 美元是世界银行以及国际社会目前最常用的标准,它是指每天的生活费低于 2011 年的 1.9 美元。由于通货膨胀等原因,这个数字实际上每年都在上涨。因此,每隔若干年,世界银行会更新这个标准

陈谋问:"向谁请教?"

李呦呦说:"**首先是向使用那个词或那句话的人请教。我们可以问他,你说的那个词是什么意思啊?如何定义那个词?你说的那句话是什么意思?那句话的真值条件是什么?**"

陆媛媛问:"如果那个人自己也不知道自己使用的语词的定义或语句的真值条件,该怎么办呢?"

李呦呦说:"那可能就要向专业人士请教了。**不同领域的语词和语句,需要请教不同领域的专业人士。**"

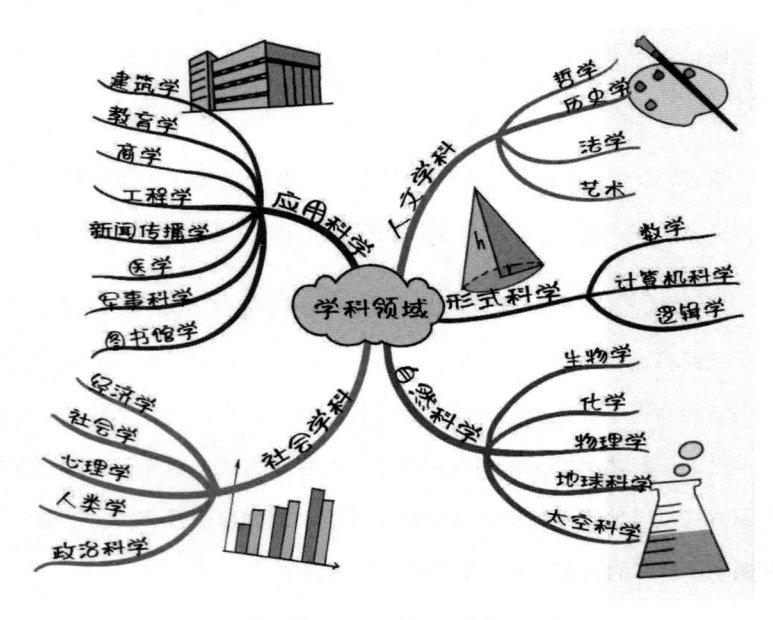

不同的领域,需要请教不同的专业人士

陆媛媛问："大师姐是什么领域的专业人士？"

李呦呦自豪地说："我算逻辑学、哲学、认知科学这方面的专业人士，不过我对于心理学、语言学、经济学、社会学等领域也有一些了解。我还认识一些朋友，他们是物理学、化学、生物学、医学、地球科学、历史学、人类学、计算机科学、法学等各个领域的专业人士。如果你遇到了不懂的语词或语句，可以先记下来，有空了再发给我。我如果不知道，就再向我的朋友们请教。"

陆媛媛问："二师兄是哪个领域的专业人士呢？"

陈谋摆摆手，说："我大学里学的是医学，但学得不够好，称不上专业人士。"

李呦呦说："专业人士是相对的。你和医学家或资深的医生相比，自然称不上医学专业人士。但和媛媛比，那就已经算专业人士了。"

陈谋不好意思地点点头，他问："大师姐，你觉得我们今天讨论的这些知识，对小师妹来说会不会太难了？我都觉得有点难。"

陆媛媛也跟着说："是的。这一期比上一期难好多。"

李呦呦摸摸陆媛媛的头，说："困难分两种，一种是恐慌级的困难。比如，一个举重运动员平日里的极限就是举起 120 公斤重的杠铃，现在突然让她举 220 公斤重，这是不可能做到的。强行去做，只会让自己受伤。但还有一种是挑战级的困难。比如让她举 120.5 公斤重的杠铃。这虽然也超出了她平时的极限，但在别人的帮助下，她能渐渐适应这种难度。久而久之，她就能突破自己的极限。我现在和你们分享的逻辑学知识，就算是挑战级的困难。你们遇到什么问题，都可以向我求助。而且，知识和技能都是需要重复练习才能熟练掌握的。我第一次学习逻辑学时，也觉得这些知识很难。但等我重复了几百次甚至几千次，这些知识对我来说就不难了。"

陆嫒嫒说："好的。我一定会重复练习的。我今天又听了一次上周的播客。"

李呦呦说："真棒！那我们今天逍遥学派的散步时间就到这里了。我们下一期要讨论事实类问题和命题。我是李呦呦。"

陈谋说："我是陈谋。"

陆嫒嫒说："我是陆嫒嫒。"

三人异口同声说："我们下期再见。"

第四章
真理与论证：
事实究竟如何？

9 月 30 日，星期五，下午

今天下午的辩论社活动上，社长许谨言正介绍社团活动规划："同学们，我们这学期接下来的活动大多是辩论与复盘。大家会分成四人小组。组内的成员要进行二对二的即兴辩论。辩题和正反方都由抽签决定。大家辩论完以后，还需要进行仔细的复盘，看看哪里还有进步空间。新加入社团的同学也不用担心，每组都至少会有一位高二的学长或学姐带着大家一起复盘。"

听了许谨言的话，海方立即邀请陆媛媛和自己一组。陆媛媛答应后，海方又去邀请林琴。陆媛媛本以为林琴不会答应和自己一组，但结果林琴想也没想就答应了。林琴还去邀请副社长武珊珊学姐加入自己这一组。武珊珊获得过两次最佳辩手的称号，除了和许谨言说话以外，她时常是一副不苟言笑的样子，让人不敢接近，但接到林琴的邀请后，武珊珊也立刻答应了。

就这样，陆媛媛所在的四人小组很快就组建完成。经过抽签，他们四人这次的辩题是"愚公应该坚持移山还是选择搬家？"，陆嫒嫒和武珊珊是正方，林琴和海方是反方。在小组辩论和复盘中，大多数时候是武珊珊和林琴在说话。陆嫒嫒和海方就像刚出生的小海豹，瞪着圆圆的大眼睛看着别人，偶尔点点头，插上几句肯定队友的话。

陆嫒嫒想不通的是，为什么自己从李呦呦那里学到了不少知识，但在小组辩论和复盘中，似乎这些知识都用不上。她好像忘了为什么要把问题分为语义类、事实类、价值类和政策类这四类，也忘了如何利用属加种差定义法和操作性定义法来定义外延不明确的语词，还忘了如何将语句改写成真值条件更明确的形式。回到家，陆嫒嫒没有看电视，也没有刷手机。写完家庭作业后，立刻重复听了一遍前两次录制的播客。

10 月 1 日，星期六，早晨

陆嫒嫒、陈谋以及李呦呦三人照例来到李呦呦房里，准备录音。

李呦呦按下了录音按钮，说："欢迎来到第三期逍遥学派的散步时间，我是大师姐李呦呦。"

陈谋说："我是二师兄，陈谋。"

陆嫒嫒说："我是小师妹，陆嫒嫒。"

李呦呦说："这一期我们要讨论的是事实类论证，这是我们日常生活中最常见的一种论证。"

陈谋问："呦呦姐，我们不是要讨论事实类问题和事实类命题吗？怎么变成了事实类论证？"

陆媛媛说："是啊，论证是什么东西？我好不容易才搞明白问题和命题之间的关系，现在又突然多出来一个论证。"

李呦呦看了看提纲，说："不好意思，我给忘了。我还以为我们已经讨论过推理与论证了。"

陈谋摇摇头，说："没有呢。第一期播客区分了四类问题和命题。第二期是语义类问题和命题。第三期该轮到事实类问题和命题了。"

李呦呦说："那这样，今天的逍遥学派的散步时间就延长一些。我们还要简单聊一聊推理和论证，再接着继续讨论事实类问题和命题。算是加量不加价，好不好？"

陆媛媛说："好的。喵~"

陈谋问："那么，推理和论证分别是什么呢？"

李呦呦说：**"推理是一种思维活动，它是从一些信息的可信度来判断另一些信息的可信度。"**

陆媛媛说："那推理的属就是思维活动，对吗？"

李呦呦点点头，说："你还真是活学活用。没错，用属加种差定义法来表示的话，推理的属就是思维活动。推理这种思维活动和别的思维活动的关键差异在于，推理的过程是根据一些信息的可信度来得出另一些信息的可信度。这就是推理的种差。"

陆媛媛说："我还记得大师姐你说过，所有人每天都在推理。医生给病人看病要推理，侦探破案要推理，连谈恋爱也需要推理。"

李呦呦说："没错。我们每天都要根据一些信息来得出另一些信息。"

陈谋问："那论证是什么呢？"

李呦呦打开了电脑，说："论证有两个意思，一个意思是动词，表示给出论证。另一个意思是名词，表示给出的论证。"

陆媛媛歪着头说："我还没明白这两个意思有什么不一样。"

李呦呦想了想，说："在汉语中，'料理'这个词也有两个意思，作为动词，表示做菜这个动作或过程。作为名词，表示做出的菜肴，也就是做菜这个过程产出的产品。"

陆媛媛说："我懂了。论证这个词是有歧义的，它可以指论证这个过程，也可以指论证过程产出的产品。"

李呦呦说："没错。我们先考虑作为产品的论证。这个论证就是用来表示推理的命题组。"

陈谋问："命题组？"

李呦呦招呼两人来看电脑屏幕，并说："命题组就是多个命题组合在一起。你们看这个例子——

> 1. 几乎所有位于房间里的桌子而不是位于垃圾场等地方的桌子，都不会突然塌掉。
>
> 2. 这个桌子是位于房间里的桌子，而不是位于垃圾场等地方的桌子。
>
> 因此，3. 这个桌子不会突然塌掉。

这就是由 3 个命题组合形成的命题组。"

陆媛媛觉得这个例子好熟悉，她说："这不是我上次无意中做出的推理吗？"

李呦呦说："是的。我们就是用这个命题组表示你的推理。你的推理是一种思维活动。**思维活动是看不见也摸不着的。**因此，我们很难去分析你的思维活动是什么样的，也很难评价你的思维质量好不好、你的思维能力强不强。不过，我们可以用论证，也就是用命题组来表示你的思维活动。如果你这个论证很好，就说明你的思维质量很好。如果你一直能给出高水平的论证，那就说明你的思维能力很强。但如果你的论证不够好，就说明你的思维质量和思维能力都还有一些进步空间。"

陈谋拿出笔记本，一边写一边说："推理是一种思维活动。论证就是表示推理这种思维活动的命题组。命题组就是多个命题的组合。命题是问题的答案。问题就是疑问句。疑问句是人们向别人索取信息时说出的语句。人们在产生困惑或遇到阻碍时，就可能向别人或自己提出问题，从而刺激人们思考，启发人们给出问题的答案。"

陆媛媛没有准备笔记本，说："二师兄，等会儿你也把笔记借给我抄一遍。"

李呦呦说："你们不用做笔记的。我会整理出一份知识点清单给你们。"

陈谋早就知道李呦呦是"拖延症晚期患者"了，他问："那大概什么时候会整理好呢？"

李呦呦吐了吐舌头，说："大概等到第十期播客做完之后，就能整理好了。我还没有把知识点清单完全定下来，还需要时不时修改一下呢！"

陈谋说："那我还是先自己做笔记吧，到时候黄花菜都凉了。"

李呦呦干咳了两下，说："言归正传。**作为产品的论证就是多个命题组合而成的命题组。在这个命题组中，有一个命题叫作结论。其他的命题都叫作理由。**理由的作用是支持结论。你们看这个命题组——

> 1. 如果有人把手放在桌子上，那个桌子没有塌掉，那么再放一杯可乐也很可能不会让桌子突然塌掉。
>
> 2. 陈谋和李呦呦把手放在了这个桌子上，这个桌子没有塌掉。
> ———————————————
> 因此，3. 陆媛媛再把一杯可乐放在这个桌子上，这个桌子很可能不会突然塌掉。

这个命题组中，3 就是结论，1 和 2 就是理由。1 和 2 是用来支持 3 的。如果有人不相信 3，觉得 3 不是真的，那你就可以给出 1 和 2，让别人相信 3。"

陆媛媛问："如果有人不相信 1 和 2 呢？"

李呦呦说："那你就需要再给出别的理由，来支持 1 和 2。你给出的理由最好是别人已经相信的理由。我们应该用可信度高的理由来支持可信度低的结论，这样就能提升结论的可信度。"

陆媛媛摇摇头，说："我还是没懂。"

李呦呦拿出笔在纸上画图，一边画一边说："打个比方。一个论证就是一个命题组，它就像一个多层的积木塔。每一块积木都是一个命题。结论也是一个命题，它是这个积木塔最上面那块积木。理由就是除了结论之外的其他积木。如果你给出的理由是高质量的理由，是比较好的积木，而且这些理由积木之间的拼接也比较牢固，那它就能给上面的积木提供强有力的支持。如果你给出的理由本身就很可疑，好比你用来支持最顶层积木的其他积木中，有一些是容易破损的积木，或者积木之间没有拼接牢固，那么稍微有点震动，

积木塔

整个积木塔都可能垮塌。"

陆媛媛说:"我好像懂了。"

李呦呦问:"那你说说,什么样的论证算是好的论证?"

陆媛媛想了想,说:"结论可信的论证就是好的论证。"

李呦呦说:"不对。陈谋,你来说说。"

陈谋想了想,说:"论证是一个命题组,也就是一个积木塔。我们不能仅仅因为这个积木塔最顶端的那块结论积木是好的,就说整个积木塔是好的。我们应该说,一个稳固的、不容易垮塌的积木塔就是一个好的积木塔。"

陆媛媛问:"什么样的积木塔不容易垮塌?"

陈谋说:"如果下层的积木都很坚固,而且积木之间的拼接也足够牢固,那么这个积木塔就不容易垮塌。"

李呦呦说:"没错。更专业地说,**好的论证就是可靠的论证。一个论证要想可靠,需要满足两大条件,一是论证有效性**,也就是理由能支持结论,**二是理由真实性**,也就是理由的可信度都比较高。"

陆媛媛问:"论证有效性是什么?"

李呦呦说:**"论证有效性是论证的一种性质。一个论证是有效的,当且仅当,如果它的理由的可信度都比较高,那么结论的可信度也会比较高。"**

陆媛媛接过李呦呦手上的笔,也在纸上画了起来,她说:"我懂了。论证有效性相当于理由积木之间拼接得比较牢固。理由真实性相当于理由积木自身的质量比较好,不容易损坏。理由真实性加上论证有效性,就相当于高质量的积木块加上牢固的积木组合方式,这样就能强有力地支撑起最顶上的那块积木,也就是结论。对不对?"

李呦呦点点头,说:"你这个比方很恰当,就是这么回事。我之前说过,逻辑学可以让我们变得更擅长推理。我是不是还没有解释过这背后的原理?"

陈谋说:"是的。大师姐你只是给出了这个结论积木,还没有建立积木塔来支持这个结论呢。"

李呦呦说:"原理是这样的。逻辑学研究的其实不是推理,而是论证。推理是一种看不见的思维活动,是心理学家们研究的对象。而论证是一个命题组,或者是给出这个命题组的过程。命题是一些语句,所以论证是一个语言过程或语言产品。逻辑学家研究的就是这些看得见的语言过程和语言产品。逻辑学能帮助我们识别、分析、评价和建构论证。等我们更擅长识别、分析、评价和建构论证之后,就会变得更擅长推理,我们的思维能力就会变强,思维质量也会变高。"

陈谋说:"原理上好像说得通。"

陆媛媛还是满头雾水,她说:"我还没有理解这个原理。"

李呦呦说:"还是让我们把论证比作积木塔。识别论证就是看看某处

第四章 真理与论证:事实究竟如何?

是否存在积木塔。分析论证就是分析那个积木塔的结构和内容。评价论证就是评判那个积木塔是否稳固。建构论证就是自己建造出一个足够稳固的积木塔。这就是**逻辑学的四大技能——识别论证、分析论证、评价论证和建构论证。**"

陈谋想起了电子游戏当中的技能点，有些游戏中，只要点亮几个小技能，就能解锁一个大技能。他问："我们学会这四大技能，有什么用呢？"

李呦呦问："积木塔最上面那块积木是什么？"

陆媛媛立刻说："是结论。"

李呦呦点点头，说："学会识别论证，就能知道别人或自己有没有给出论证。学会分析论证，就能知道别人和自己的结论是什么，还能知道别人和自己给出了哪些理由来支持结论。学会评价论证，就能判断那些理由是否能有效地支持结论，还能判断那些理由本身是否可信。如果理由不能有效支持结论，或者理由的可信度不够高，我们就不一定相信那个结论。而学会建构论证，就能给出足够可信的理由来有效地支持某个结论，别人也会相信我们说的结论。"

陈谋说："我明白了。**学会识别、分析、评价和建构论证之后，我们就能判断什么样的结论值得相信，什么样的结论不值得相信。我们还能给出值得相信的结论。这样一来，我们就能用这些可信的结论来指导自己的思想和行为，甚至还能指导别人的思想和行为。**"

李呦呦说:"没错。'可信的结论'还有另一个名字,那就是真命题,也即真理。逻辑学可以帮助我们获得真理,帮助我们判断某个命题到底是不是真理,还能帮助我们说服别人和自己,让我们跟随真理的指引来做出明智的行动。"

陆媛媛惊讶地说:"逻辑学这么厉害吗?早知如此,我该早点学习逻辑学的。"

李呦呦一边打字,一边说:"那当然啦,让我来建构一个论证,这个论证的结论就是逻辑学的确这么厉害,你们看——

> 1. 在几乎所有智力活动中,我们都需要决定应该相信什么和做什么。比如,我应该相信某道选择题的答案是A还是B?我应该下这一步棋还是那一步棋?我应该相信张三的说法还是李四的说法?我应该怎么做才能解决某个别人解决不了的高难度问题?
>
> 2. 我们应该相信一个足够好的论证的结论。如果那个结论是陈述句,就相信它的内容。如果那个结论是祈使句,就按它说的去做。
>
> ———
>
> 因此,3. 如果我们知道一个结论是不是一个足够好的论证的结论,就能决定应该相信什么和做什么。

> 4. 逻辑学的训练能让我们具备识别论证、分析论证、评价论证和建构论证的习惯和能力。
>
> 5. 如果我们具备识别论证、分析论证、评价论证和建构论证的习惯和能力，就能知道一个结论是不是一个足够好的论证的结论。
>
> ———————
>
> 因此，6. 逻辑学的训练能让我们决定应该相信什么和做什么，从而变得更擅长大部分智力活动。

6这个结论相当于最顶层的那块积木。而如果这个论证是好的论证，那么6这个结论就是值得你相信的。"

陈谋觉得6这个结论有些不对劲。他说："我们上次不是说，想做出精彩的推理，既需要逻辑学，又需要大量的知识吗？"

李呦呦说："是的。说逻辑学的训练能让我们更擅长大部分智力活动，这的确有些夸张。我们之前提到，燃烧需要满足三个条件——高温、氧气和可燃物。做出良好的推理也至少需要满足两个条件，一是学会识别、分析、评价和建构论证，也就是学会逻辑学；二是具备相应的知识和经验。医生要想治好病人的疾病，既需要逻辑推理，也需要医学知识。"

陆嫒嫒摊开手，说："唉，那我不仅要学逻辑学，还要学习别的知识,这多麻烦啊。二师兄就学了医学。大师姐还学了哲学和认知科学。等我读大学的时候,也要学一门专业知识。"

李呦呦摸摸陆嫒嫒的小脑袋,说:"可以学多门专业知识,不是只学一门。而且也不用等到大学再学,现在就可以开始了。你对什么知识感兴趣?我这里有很多书,你都可以借去读。"

陆嫒嫒想了想,说:"大师姐你之前说,论证是一个语言过程或语言结果。我现在对语言学比较有兴趣。不过,我对经济学也很有兴趣。钱自然是越多越好啦,我还有好多东西想买呢!"

李呦呦说:"你想想,你的话里是不是隐藏了一个命题?"

陆嫒嫒问:"哦?什么命题?"

陈谋说:"学经济学有助于赚钱。"

李呦呦点点头,说:"是的。学经济学是否有助于赚钱呢?这个命题还值得怀疑哦。总之,我这里有不少语言学和经济学方面的书。我晚点找几本适合你的。现在我们说回正题,可以来讨论事实类问题和命题了。你们还记得有哪些事实类问题吗?"

陈谋翻开笔记本,说:"关于过去和现在发生了什么的问题算是事实类问题,追问因果关系的问题也是事实类问题,预测未来会发生什么的问题也是事实类问题。"

李呦呦问:"没错。事实类命题就是这些事实类问题的答案。我又有了一个新问题,这个问题也算是事实类问题。那就是,我们人类是从哪里了解到事实类命题的呢?比如,三角形的内角和是 180 度。秦始皇于公元前 221 年统一了六国。地球绕着太阳转,月球绕着地球转。力是改变物体运动状态的原因。植物细胞有细胞壁,动物细胞没有。"

陆媛媛想当然地说:"这些事实类命题都是老师告诉我们的。"

李呦呦说:"是的。其实,我们所知道的绝大多数事实类命题,都是从别人那里听说的。我们会从父母、老师、同学、媒体、书籍的作者、网络上的视频 up 主以及各种各样的人那里听说无数事实类命题。"

陈谋说:"确实如此。那有没有什么事实类命题,不是我们从别人那里听说来的?"

李呦呦说:"小师妹,你来想想。"

陆媛媛说:"我自己知道的命题就不是从别人那里听说的。比如'我的左手有 5 根手指头''我没有近视''我隔壁住着李呦呦'这些事实类命题。"

李呦呦点点头,说:"没错。一些事实类命题是我们自己独立知道的,不是从别人那里听说的。不过,**我们所知道的绝大多数事实类命题,其实都是从别人那里听说的,因为我们自己只能看到世界的极小一部分,我们也只能生存比较短的一段时间。在我们所不存在的时空里发生的事情,都需要依靠听别人说,才能了解那里和那时的事实。**"

陈谋说:"我想到了一个例子。达尔文研究加拉帕戈斯群岛上的动物后，发现了生物进化的规律。我们大多数人都没有去过那个岛，就算去了，也没有足够的知识基础，发现不了什么生物学规律。所以，我们需要从生物学老师那里听说进化论。我们的生物学老师又要从他的生物学老师那里听说进化论。这可以一直追溯到那些直接读过《物种起源》的人，他们直接从达尔文那里听说进化论。"

陆媛媛说："有道理。我们所知道的大部分事实类命题，确实都是别人告诉我们的。"

李呦呦说："那么，我们怎么判断一个人所说的事实类命题是不是可信的呢？别人说的是确有其事，还是在胡编乱造呢？有人说，多吃绿豆可以延年益寿，吃生姜可以预防感冒，这到底是真实存在的因果关系，还是别人搞错了呢？"

陈谋说："绿豆能导致延年益寿？这肯定是卖绿豆的人编出来的假话。"

陆媛媛也不觉得绿豆有什么延年益寿的作用，但她不满足于知道某个具体的命题是真是假，还想知其所以然。她问："我们怎么知道别人说的话是真话还是假话呢？"

李呦呦说："我可以给你们提供一个论证，帮助我们判断别人说的话是否可信。"

陈谋问："什么论证？"

李呦呦一边在电脑上打字，一边说："这个论证叫证言可信度论证，它是一个由 10 个命题组成的命题组——

111

1. 如果一个人说了P，且此人的感知觉过程没有差错，此人没有记错，此人具备一定的知识和经验，此人没有做出不可靠的推理，此人没有说谎的动机，此人没有遭到蒙蔽，目前没有其他可靠的人说出与P不一致的事实类命题，那么P就是一个可信的事实类命题。

2. 某个人说了P这个事实类命题。

3. 这个人的视觉、听觉、触觉等感知觉过程没有出错。

4. 这个人没有记错。

5. 这个人具备给出合理判断的知识和经验。

6. 这个人没有做出不可靠的推理。

7. 这个人没有说谎的动机。

8. 这个人没有遭到他人的误导或欺骗。

9. 没有其他可靠的人说出与P不一致的事实类命题。

因此，10. P这个事实类命题是可信的。

大家能理解吗？"

陆媛媛仔细看着电脑屏幕上的文字，说："这个论证好长啊。"

李呦呦说:"别担心记不住它。只要我们仔细思考其中的每一条理由,就不难记住这个论证。1 这个理由是个条件句,它的作用是在其他 8 个理由和结论之间建立起桥梁。我们主要仔细探究一下 2~9 这 8 个理由。不过,先让我们把人类看作智能机器人。"

陈谋不仅是个推理迷,还是一个科幻迷,他问:"像科幻电影中的智能机器人吗?"

李呦呦说:"是的。智能机器人会用声音传感器和光线传感器来收集声波和光波,并用电脑来处理这些声波和光波。处理完以后,这些智能机器人就会根据自己的处理结果,做出特定的行动。它们会说话,也会告诉别的智能机器人一些事实类命题。你们现在就把自己当作一台智能机器人,现在有另一台智能机器人跟你们说了一个事实类命题,你们决定要不要相信那个事实类命题。"

陆媛媛很喜欢这个设定,她说:"好的,我已经想象好了。我是一个没有感情的智能机器人,会坚决执行大师姐发给我的每一条指令。"

李呦呦笑着说:"好,**那你先来看这个论证中的第二个理由,某个人说了 P 这个事实类命题**。这个理由是说,你要先搞清楚,是不是真的有另一台智能机器人跟你说了 P 这个事实类命题?你有没有正确理解那个事实类命题的意思?那台智能机器人说的确实是 P 而不是 Q 吗?"

陆媛媛说:"我懂了。第一步就是确保自己真的理解了命题 P,知道了命题 P 的真值条件。确保自己没有把别的命题误解成命题 P。"

陈谋说:"没错。大师姐之前说的是,学逻辑学可能让人更擅长推理,这个是命题 P。我们可不要理解成,学逻辑学必然让人更擅长推理,这是另一个命题 Q。'可能'和'必然'是不一样的。"

李呦呦说:"很好。**我们再来看第三个理由,这个人的视觉、听觉、触觉等感知觉过程没有出错。**为什么要有这个理由?"

陈谋说:"如果另一台智能机器人的光线传感器出错了,那么那台机器人告诉我的事实类命题也可能出错。比如,那台机器人告诉我'窗外此时有一个高大的人一动不动地站在路边',但实际上那台机器人的视力有问题,窗外可能只有一棵树,而它把树看成了人。"

李呦呦说:"没错。如果别人的视力、听力、触觉、嗅觉、味觉等感知觉过程出了一些差错,那么别人基于这些感觉数据而告诉我们的事实类命题,就可能是不准确的。**再来看第四条,这个人没有记错。**为什么要有这条理由?"

陈谋说:"这条理由很好理解。对于你们俩来说,我就是另一台智能机器人。我跟你们说一个事实类命题,'我昨天吃了药'。假设我记错了,我昨天其实忘了吃药,那么,这个事实类命题就是不可信的。"

陆媛媛说:"嗯,如果别人记错的话,别人告诉我们的事实类命题就不可信。"

李呦呦说:"是的,而且人类可不是机器人。科幻电影里的机器人也许不会记错,而人类的记忆是很容易出错的。**再来看第五条,这个人具**

备给出合理判断的知识和经验。这条理由意味着什么？"

陈谋翻了翻笔记，说："我们上次说过，有些语词的操作性定义需要向专业人士请教。有些情况也需要具备一定知识和经验的专业人士才能做出准确的判断。比如，我们需要具备医学知识才能判断医学方面的事实类命题是否可信。那个说多吃绿豆就能延年益寿的人，一定不具备医学和生物学方面的知识。"

李呦呦说："是的。其实我们说出任何事实类命题，也都需要一定的知识和经验。假设我说，'窗外树上有一只乌鸦'，但是我不具备识别鸟的种类的相关知识，我无法区分乌鸦、麻雀、鸽子等鸟类，那我说的话就不可信。因为我很可能把别的鸟当成了乌鸦。"

陆媛媛说："每个人都具备一定的常识。不会有人完全没有任何知识和经验吧？"

李呦呦说："是的。除了年龄特别小的幼儿，每个人都具备不少知识和经验。我们可以把在某个领域具备特别多知识和经验的人叫作'专业人士'。但'专业人士'是一个模糊的词，我们无法精确划分专业人士和非专业人士。也可以说，每个人在某个领域都是某种程度的专业人士。假设最低程度是0分，最高程度是100分，对于一些简单的事实类命题，比如窗外到底有没有一棵樟树这样的问题，也许只需要5分的专业程度就够了；但对于一些复杂的事实类问题，尤其是关于因果关系的问题和预测未来的问题，那可能需要80分的专业程度才行。这也是为什么我们的社会需要不断培养更多的专业人士。"

115

陆媛媛问:"为什么要培养更多专业人士?"

陈谋想了想,说:"专业人士的知识和经验更多。如果其他几个条件不变的话,那么专业人士说出的事实类命题会更可信。如果一个社会有更多专业人士,那么这个社会的生产力一定也更强。"

李呦呦说:"没错。**再来看第六个理由,这个人没有做出不可靠的推理。**为什么要有这个理由?"

陆媛媛和陈谋考虑了一会儿,似乎没有想到为什么要有这个理由。

李呦呦想起了过往的一件事情,忍不住笑了起来。她说:"其实啊,人类这种智能机器人有时候还不够智能,会做出不可靠的推理。我有一次看见你们姐夫和一个女孩子手拉手走在一起,当时我很生气,觉得他居然瞒着我跟别的女孩约会。不过,实际上那个女孩是她妹妹,他怕妹妹走丢,才一直拉着她。所以,在那种情况下,我做了不可靠的推理,我跟你们说的事实类命题就不一定可信。"

陈谋说:"我理解这第六个理由了。很多侦探、警察、法官也都会做出不可靠的推理,有时候会让无辜者含冤入狱。这些人可能会说'张三就是凶手',而实际上张三不是凶手。他们是因为不可靠的推理而误以为张三是凶手。"

陆媛媛说:"为什么人类会做出不可靠的推理呢?"

李呦呦说:"因为我们在推理时并不总是使用好的论证。有时候,我们的理由本身就是错误的,有时候理由虽然没错,但它们无法有效地推理出结论。"

陆媛媛感叹道："唉，人类好像处处都比不过智能机器人。人类可能看错、听错，可能记错，可能不具备足够的知识和经验，还可能做出错误的推理。将来我们肯定都会被智能机器人淘汰掉。"

李呦呦说："别担心，至少目前还没有出现样样都比人类更强的智能机器人。就算将来出现了，人类也总是能给自己找到新的任务。等你学了一些经济学，就会明白，就算智能机器人与人类相比拥有绝对优势，它也不可能具备所有比较优势。人类依然有自己的长处，双方依然有合作空间。"

虽然陆媛媛还没有完全理解什么是比较优势，但她相信李呦呦说的一定没错。李呦呦继续说：“**我们再来看第七个条件，这个人没有说谎的动机**。这个条件应该很容易理解吧？如果某人故意要说谎，故意要骗你。他知道你没病，但是偏偏要说'你的肠胃不好，需要买这副药才能养好'，那这种事实类命题是不可信的。"

陆媛媛说："别人为什么故意要说谎呢？"

陈谋想起了一篇语文书上的课文，他说："《邹忌讽齐王纳谏》就提到了这点。邹忌是一个美男子，他想知道自己和城北的徐公谁更美，于是问自己的妻子、小妾和客人，自己和徐公谁更美。妻子偏爱自己的丈夫，说邹忌更美。小妾害怕说出真相后邹忌会生气，于是也说邹忌更美。客人有求于邹忌，就会说邹忌爱听的话——邹忌更美。等邹忌亲眼见了徐公，才发现徐公是比自己更美的美男子。"

陆媛媛说:"所以说,偏心、害怕以及有求于人,都可能让我们故意说谎。"

李呦呦说:"邹忌的小妾和客人也许算故意说谎。但邹忌的妻子如果真心觉得邹忌更美,那么她就不算说谎。毕竟,说谎必须要说出自以为假的话才行。如果我们说出的是自以为真的话,即便那话客观上是不准确的,也不算说谎。"

陈谋说:"我觉得,人们经常说谎。有时候是善意的谎言,说个假话让别人不要太难过,但有时候是恶意的谎言。别人可能想从你这里骗财骗色,或者骗取好名声,骗取权力。总之,当别人认为你很好骗时,就很可能想骗你。通过正当的劳动来获取钱财、名声和权力都是很辛苦的,而依靠骗术则更加轻松。有许多懒汉,希望有轻松的路可走,哪怕是旁门左道。"

陆媛媛说:"幸好我没有遇到过这种骗子。大师姐和二师兄一定不会骗我的。"

陈谋说:"路遥知马力,日久见人心。我们相处这么久了,你自然知道我们不会骗你。但如果你遇到一些陌生人,那就不能轻易这么认为了。害人之心不可有,但防人之心不可无,知道吗?"

陆媛媛拍着胸脯说:"放心。我又不是三岁小孩,当然知道要提防陌生人了。"

李呦呦说:"有时候,即便是亲人和朋友也不应该相信。**你们看证言可信度论证的第八条,这个人没有遭到他人的误导或欺骗**。之所以要设置这个理由，就是因为，哪怕别人不是故意想骗你，也可能会传递虚假信息。假设有人跟我说，吃生姜就能预防感冒，我也相信了这话，然后我再将这个预防感冒的小妙招告诉你们。我不是故意要骗你们，但我被别人误导了，这个事实类命题并不为真。"

陈谋说："这个理由我懂。我爸妈看到网上的一些谣言后，经常转发给我。他们肯定不是故意骗我，但他们被那些谣言误导了，所以他们转发给我的事实类命题也不可信。甚至，编造谣言的人也不一定就是故意要骗别人，也可能是哪里搞错了，比如看错、记错、推理错了。总之，好心也可能办坏事。"

李呦呦说："所以我们才需要牢牢掌握这个证言可信度论证。它就像一场考试，**一个证言要满足这么多条件，才算通过了可信度考试**。在日常生活中，我们听别人说的许多命题，甚至我们自己说的许多命题，都无法通过可信度考试。这就提醒**我们需要谨言慎行，要在深思熟虑后再行动，不要做出仓促的判断和决定，以免好心误导了别人或自己。**"

陆媛媛说："终于到了**第九个理由了，没有其他可靠的人说出与 P 不一致的事实类命题。**这个理由我懂。如果有两个很可靠的人说出相反的话，那我们不能轻易决定该相信谁说的话。"

陈谋说："假设两台智能机器人都很聪明，传感器都没有出错，也都没有记错，都具备很多知识和经验，都没有做出错误推理，都没有说谎，都没有被误导，如果一台机器人说 P，另一台机器人说 Q，我们也不能轻易决定要不要相信 P。"

李呦呦说:"没错。我再解释一下'不一致'这个词的意思。不一致并不等同于不一样。'李呦呦比陆媛媛高'和'陆媛媛比李呦呦矮'这两句话是不一样的,但它们是一致的。用逻辑学的话讲,一致就是可以同时为真,不一致就是不能同时为真。**如果两句话是不一致的,那么它们要么是一真一假,要么是两个都假,总之就是不能两个都真。**"

陆媛媛说:"在辩论的时候,正方和反方支持的结论,是不是就是不一致的?"

李呦呦说:"如果辩题设置得好,那么两方支持的结论就是不一致的。"

陆媛媛问:"'愚公应该坚持移山还是选择搬家?'这个辩题,正方支持的是愚公应该坚持移山,反方支持的是愚公应该选择搬家,这两个结论之间是不一致的吗?"

陈谋想了想,说:"如果愚公可以同时移山和搬家,那么两者就是一致的。不过,我们一般是默认愚公如果移山了,就没必要再搬家了。如果搬家了,也就没必要移山了。两者应该是不一致的。"

陆媛媛问:"那么,这两者是一真一假,还是两个都假呢?"

李呦呦说:"如果愚公只有这两个选择,那么它就是一真一假。也许愚公还有别的选择,假设愚公住在 A 地,经常要去 B 地的村镇,而大山就挡在 A 地和 B 地的必经之路上。愚公的真正目的是与 B 地的人相处,那么,让 B 地的村民搬到自己住的 A 地,这也是个可行的选择。而且,也不一定要将整座山搬空,也许可以建个隧道或者架设栈道。"

陈谋说:"愚公也可以既不移山,也不搬家,而是不断锻炼自己走山路的本领,也许走得熟练了,大山也就不是特别碍事了。"

陆媛媛笑了起来,说:"这么说来,愚公的选项还挺多,除了移山和搬家,还有好多别的选择。"

李呦呦说:"愚公移山这个问题,其实是我们以后要讨论的策略类问题,我们那个时候再细说。最后,让我们再练习一下今天学到的证言可信度论证。我们每人说一个事实类命题,其他人负责把那个事实类命题套入论证当中。陈谋,你先说一个。"

陈谋说:"恐龙大约是在6500万年前灭绝的。"

李呦呦说:"你应该是想说大部分恐龙,而不是所有恐龙吧?毕竟有些恐龙演变成了鸟,并没有灭绝。"

陈谋点点头,说:"没错。大部分恐龙是在6500万年前渐渐灭绝的。"

李呦呦说:"好的。将这个命题嵌入那个论证,就会变成这样——

> 1. 如果一个人说了P,且此人的感知觉过程没有差错,此人没有记错,此人具备一定的知识和经验,此人没有做出不可靠的推理,此人没有说谎的动机,此人没有遭到蒙蔽,目前没有其他可靠的人说出与P不一致的事实类命题,那么P就是一个可信的事实类命题。

2. 陈谋说了'大部分恐龙是在6500万年前渐渐灭绝的'这个事实类命题。

3. 陈谋的视觉、听觉、触觉等感知觉过程没有出错。

4. 陈谋没有记错。

5. 陈谋具备给出合理判断的知识和经验，尤其是生物学方面的知识和经验。

6. 陈谋没有做出不可靠的推理。

7. 陈谋没有说谎的动机。

8. 陈谋没有遭到他人的误导或欺骗。

9. 没有其他可靠的人说出与'大部分恐龙是在6500万年前渐渐灭绝的'这个命题不一致的事实类命题。

因此，10. '大部分恐龙是在6500万年前渐渐灭绝的'这个事实类命题是可信的。

那我再说一个命题，团子你来尝试套入这个论证。"

陆媛媛说："好的。"

李呦呦说："太阳会在大约50亿年后变成红巨星。"

陆媛媛看着李呦呦的电脑屏幕,说:"这个简单,就像把一个数字套进数学公式里——

> 1. 如果一个人说了P,且此人的感知觉过程没有差错,此人没有记错,此人具备一定的知识和经验,此人没有做出不可靠的推理,此人没有说谎的动机,此人没有遭到蒙蔽,目前没有其他可靠的人说出与P不一致的事实类命题,那么P就是一个可信的事实类命题。
>
> 2. 李呦呦说了'太阳会在大约50亿年后变成红巨星'这个事实类命题。
>
> 3. 李呦呦的视觉、听觉、触觉等感知觉过程没有出错。
>
> 4. 李呦呦没有记错。
>
> 5. 李呦呦具备给出合理判断的知识和经验,尤其是物理学方面的知识和经验。
>
> 6. 李呦呦没有做出不可靠的推理。
>
> 7. 李呦呦没有说谎的动机。
>
> 8. 李呦呦没有遭到他人的误导或欺骗。

> 9. 没有其他可靠的人说出与'太阳会在大约50亿年后变成红巨星'这个命题不一致的事实类命题。
>
> 因此，10. '太阳会在大约50亿年后变成红巨星'这个事实类命题是可信的。

我再来说一个，我手上的这块手表走时非常准确。"

陈谋说："'走时非常准确'是模糊的，这个词的定义是什么？"

陆媛媛想了想，说："每天误差不到3秒就算是走时非常准确。"

陈谋说："那就可以这样改写——

> 1. 如果一个人说了P，且此人的感知觉过程没有差错，此人没有记错，此人具备一定的知识和经验，此人没有做出不可靠的推理，此人没有说谎的动机，此人没有遭到蒙蔽，目前没有其他可靠的人说出与P不一致的事实类命题，那么P就是一个可信的事实类命题。
>
> 2. 陆媛媛说了'她手上的那块手表每天的误差不到3秒'这个事实类命题。
>
> 3. 陆媛媛的视觉、听觉、触觉等感知觉过程没有出错。

> 4.陆嫒嫒没有记错。
>
> 5.陆嫒嫒具备给出合理判断的知识和经验。
>
> 6.陆嫒嫒没有做出不可靠的推理。
>
> 7.陆嫒嫒没有说谎的动机。
>
> 8.陆嫒嫒没有遭到他人的误导或欺骗。
>
> 9.没有其他可靠的人说出与'陆嫒嫒手上的手表每天的误差不到3秒'这个命题不一致的事实类命题。
>
> 因此,10.'陆嫒嫒手上的手表每天的误差不到3秒'这个事实类命题是可信的。

大师姐,你看我们说得对吗?"

李呦呦说:"你们说得都对。不过你们可不要太得意了。这个练习只是让你们熟悉一下这个证言可信度论证,算是在岸上给你们讲解一下游泳的原理。等你们实际下水去游的时候,就会发现很多细节需要自己去摸索。把命题套入公式只是第一步,下一步就需要检验从2~9这8个理由是否都很可信。**有些时候可能只要几分钟就能搞清楚这8个理由是否可信,但有些时候要好几天甚至好几个月才能调查清楚,而有些甚至几年都调查不清楚。**"

陈谋说："这么说来。**可信的命题都是相似的，不可信的命题则各有各的不可信。**"

李呦呦觉得陈谋这个说法很有趣，她说："是啊，可信的事实类命题需要同时满足这8个条件，而不可信的事实类命题则可能因为不满足这8个条件中的任意一或几个条件而变得不可信。"

陆媛媛大概记住了这8个条件。她问："我们要怎么去调查这8个理由是否可信呢？"

李呦呦说："其实也是要依靠论证。以7为例，我们怎么知道某人没有说谎的动机？首先我们要给出一个支持某人没有说谎动机的论证——

> 1. 甲向乙说了命题P。
>
> 2. 如果乙相信命题P后，甲不会获得任何好处，那么甲就不会有说谎的动机。
>
> 3. 乙相信命题P后，甲不会获得任何好处。
> _____
> 因此，4. 甲在向乙说命题P时，没有说谎的动机。

根据这个论证，我们就能知道，如果我们想要检验甲有没有说谎的动机，我们就要去调查甲能不能从乙相信命题P这件事上获得什么好处。"

陆媛媛说："看来我们没法在书桌前搞清楚事实是什么了，还得出门去做调查，好辛苦啊！"

李呦呦说："是的。我们只能在书桌上制订事实调查方案，真要搞清楚事实，还需要花时间执行那个方案。以后有机会，我再跟你们聊一聊如何制订事实调查方案，如何学习专业人士的思维方式。"

陆嫒嫒说："好耶，我要成为专业人士。"

陈谋说："我想到了。如果继续用积木塔的比喻，我们只能在书桌上检查积木之间是否连接牢固了，我们无法检查积木的质量。也就是说，我们只能在书桌上搞清楚论证有效性，无法判断理由真实性。逻辑学只能帮助我们判断论证有效性，对于判断理由真实性就无能为力了。"

李呦呦说："你说得没错。不过也不能因此小瞧了逻辑学。没有逻辑学的话，我们都不知道要去判断哪些理由的真实性。套用哲学家康德说过的话，**没有知识的逻辑是空洞的，没有逻辑的知识是盲目的**。我们既需要学习各个领域的知识，也需要学习跨领域通用的逻辑。"

陆嫒嫒问："那要学多久呢？"

李呦呦说："要学一辈子，要养成终身学习的习惯。"

陆嫒嫒无力地趴在桌子上，说："那岂不是要累死？"

李呦呦说："又不是说一辈子都要去学校上课。学习的方式多种多样。你在看书、看电视、刷手机的时候，也可以学到很多东西。我们现在的对话，也可以让你学到很多东西。学习其实是一件很开心的事情，

逻辑女孩——论辩篇：我们是如何变得更聪明的？

因为你学到的东西越多，你就会变得越强大。只是上学就不一定很开心了。毕竟，上学是有压力的。我们看到别人比我们学得更好，就会担心被别人甩在身后。"

陈谋说："其实玩电脑游戏也有压力。看到别人的天梯排名快追上我了，我也会担心被他们超越。"

陆媛媛说："那岂不是做什么事情都有压力？"

李呦呦说："很多时候，我们的压力来源是担心别人不喜欢自己，不认可自己，不接纳自己。我们担心自己表现得不够好以后，别人就会不爱我们了。"

陆媛媛说："爱？"

李呦呦说："我这里说的爱不单指男女之爱，是指各种各样的爱。爱某个对象，就是认可那个对象的价值，同时也赋予那个对象价值。我就爱你们俩，我认可你们俩的价值，我也愿意赋予你们俩价值。换句话说，我把你们俩当作目的，而不是当作工具。"

陆媛媛说："虽然我没有听懂，但我也爱小鹿姐姐，超级爱！"

比起"无忧无虑"的陆媛媛，大学毕业却"赋闲"在家的陈谋感受到的压力要大许多。他问："呦呦姐，有没有什么减轻压力的办法？"

李呦呦说："你和我相处的时候，你有没有感受到让你不舒服的压力？"

129

陈谋说:"没有。"

李呦呦说:"这是因为我爱你们。我不会因为你们表现不好,就不喜欢你们、不认可你们、不接纳你们。所以,你们完全不用担心表现不好,这样就没有压力了。"

陆媛媛说:"我明白了。减轻压力的办法,就是多和爱自己的人相处。和爱自己的人相处,我们就不会有压力。"

李呦呦说:"没错。我们也要去爱别人,不能只等着别人来爱自己。我不是建议你们多谈恋爱,而是建议你们多结交一些真正关心自己的朋友。这些朋友不会因为我们表现不好就不再当我们的朋友。那些因为我们不够好就抛弃我们的人,不是我们真正的朋友。"

陆媛媛扑进李呦呦怀里,说:"小鹿姐姐就是我真正的朋友。"

李呦呦摸了摸陆媛媛的头,看了看时间,说:"呀,不知不觉就有点跑题了。那今天的逍遥学派的散步时间就到这里了。我们下一期再来讨论价值类问题和命题。我是李呦呦。"

陈谋说:"我是陈谋。"

陆媛媛说:"我是陆媛媛。"

三人异口同声说:"我们下期再见。"

第五章
价值与偏爱：
哪个更加重要？

10月14日，星期五，下午

在今天的辩论与复盘活动中，陆媛媛所在的四人小组抽到了"电车难题——应不应该扳动道闸？"。

陆媛媛表示自己没有听说过电车难题。

林琴说："电车难题是一个思想实验。它是说，有一辆火车的刹车失灵了，火车正前方的轨道上有五个人，如果不采取行动，那五个人就会被火车轧死。但你可以控制一个操纵杆，让火车走上另一条轨道，这样那五个人就不会死。不过，另一条轨道上也有一个人，如果火车走上这条轨道，就会轧死这个人。"

陆媛媛说："这么说的话，不管变道还是不变道，总是要死人的。"

海方说："那死一个人总比死五个人更好吧，还是要变道才行。"

武珊珊说："先别急，我们还没有抽签决定配对和正反方呢。"

第五章 价值与偏爱：哪个更加重要？

电车难题

经过抽签，这次陆媛媛和海方是正方，支持火车变道，而武珊珊和林琴则是反方，反对火车变道。辩论之前，陆媛媛觉得，毫无疑问火车应该变道。但经过辩论和复盘，陆媛媛对这个答案不那么肯定了。

10月15日，星期六，早晨

又到了录制播客的时间，李呦呦按下录音按钮，说："欢迎来到第四期逍遥学派的散步时间，我是大师姐李呦呦。"

陈谋说："我是二师兄，陈谋。"

陆媛媛说："我是小师妹，陆媛媛。"

李呦呦说："这一期我们要讨论的是价值类问题和命题，这是我们日常生活中争议最大的问题。"

陈谋问："比语义类、事实类、策略类的争议都更大吗？"

133

李呦呦扶了扶眼镜，点点头，说："是的。面对同一个价值类问题，不同的人可能给出不同的答案，既使经过充分的协商和辩论，双方可能依然无法达成共识。"

陆媛媛问："电车难题算是价值类问题吗？"

李呦呦说："小师妹，你还记得什么是价值类问题吗？"

陆媛媛回忆了一下，说："价值类问题是关于目标的问题。"

陈谋补充说："价值类问题是关于个人或群体应该如何设置自己的行为目标的问题。"

李呦呦说："是的。价值类问题和事实类问题不一样。**我们也可以把事实类问题叫作描述性问题，把价值类问题叫作规范性问题。描述性问题是在描述这个世界实际上是什么样，而规范性问题则在探讨这个世界应该是什么样，尤其是探讨人类应该怎么做**。毕竟，人类无法直接改变世界，只能改变自己的行为，从而间接改变世界。"

陆媛媛说："昨天我和辩论社的同学讨论了电车难题。我原本以为这个问题很简单，显然火车应该变道，这样只会死一个人而不是五个人。但我的同学说，这样也算谋杀。我要是拉动操纵杆，改变了火车轨道，那就是故意杀害了另一条轨道上的无辜者。"

李呦呦很熟悉电车难题这个经典伦理学议题，她说："这个问题确实很复杂，没有你想得那么简单。"

第五章 价值与偏爱：哪个更加重要？

陈谋说:"我在网上看过好几个关于电车难题的讲解视频,也读过几篇帖子。大家对电车难题的讨论热情很高。有的人支持变道,有的人反对变道。双方说得都很有道理。"

李呦呦说:"电车难题确实很值得探讨,但我们等会儿再细说。先让我们思考一下价值类问题的常见形式。你们想想,当人们提出价值类问题时,一般会怎么问?怎么措辞?"

陆媛媛最近时常听前几期播客,她对这个知识点的印象很深,说:"人们会问,X 有什么价值? X 有多少价值?"

陈谋说:"还可以问,X 是不是比 Y 更好? X 是不是比 Y 更有价值?"

李呦呦说:"如果是辩论赛的话,那人们还经常问,X 是利大于弊还是弊大于利?"

陆媛媛说:"是的。我们的辩论题都是从题库里随机选的。题库里好多题目都是问利大于弊还是弊大于利。"

李呦呦说:"不过,**我们要学会透过语言表象,找到语句背后的思想。**假设有人问,鼠标有什么价值?你觉得这算是一个价值类问题吗?"

陆媛媛摇摇头,说:"鼠标不就是用来控制电脑操作的光标吗?这个更像事实类的问题。"

陈谋说:"有些时候,我们问 X 有什么价值,或者 X 的价值是什么,其实是在问 X 的功能是什么,人们可以用 X 来做什么事情。这些是事实类问题。比如，铲子有什么用？人们可以用筷子做什么事情？水有哪些功能？"

李呦呦打开桌上的一瓶可乐，喝了一口，然后说："没错。如果你问我水有哪些功能？水的价值是什么？那我给你的答案其实不是规范性的，而是描述性的。我会说水可以灌溉植物，可以喂养动物，可以灭火，可以洗衣服，可以解渴，可以制作可乐这样的饮料。所以，这样的问题只是看起来像价值类问题，实际上是事实类问题。"

陈谋说："问 X 和 Y 哪个更好，哪个更有价值，有时也是问事实类问题。比如，铅笔和钢笔哪个更有价值？如果我想画一幅草稿图，那么铅笔就更有价值，因为可以用橡皮擦修改。如果我想写一个需要长久保存的文件，让字迹不容易褪色，那么钢笔就更有价值。"

陆媛媛好像被搞糊涂了，她问："那什么样的措辞才能表达真正的价值类问题而不是事实类问题呢？"

李呦呦说："这就要说到价值的本质了。你们觉得，价值的来源是什么？"

陈谋思考了片刻，说："这个问题好大，我不知道怎么回答。"

李呦呦说：**"价值的来源，其实就是爱。任何东西之所以有价值，是因为有某个东西爱着它。"**

陆媛媛说："好玄妙。"

137

李呦呦说:"我不是说男女之爱。这里的'爱',它的近义词有'想要''喜欢''欲望''需求''希望''期盼'等。假设你爱喝可乐,张三不爱喝可乐,那么可乐对你来说就有价值,对张三来说就没有价值。"

陈谋似乎听明白了李呦呦的意思,问:"价值就是欲望的满足?"

李呦呦点点头,说:"没错。**价值就是欲望、需求、想法的满足**。假设一棵小树苗也有需求,它想长成大树,想开花结果,想散播种子,繁衍出更多树。那么,阳光、水以及土壤中的养分对这棵树就有价值,帮助树传播种子的鸟或者松鼠对树也有价值。损坏树的寄生虫对树就没有价值,砍伐树的人类对树也没有价值。"

陆媛媛好像也听明白了,她说:"树要繁衍,松鼠帮助树繁衍,所以松鼠对树有价值,这么说对吗?"

李呦呦说:"对的。不过呢,我们一般只考虑人类的需求,只考虑人类的爱。许多人爱吃肉,比如猪肉、牛肉、鱼肉、羊肉、鸡肉。但这些动物肯定更愿意活着,不愿意被人类吃掉,而人类不太在意这些动物的需求,也不在意植物的需求、微生物的需求。我们是人类,一般会优先考虑人类的需求。"

陈谋说:"有些人不是这样的。那些养狗的人,他们更爱自己家的狗,而不是邻居家的人。人被狗咬了,他们不担心人,反而担心自己家的狗有没有事。"

李呦呦说:"这也是个值得讨论的价值类问题,我想想怎么措辞。"

陈谋说:"应不应该允许人们养狗?"

李呦呦摇摇头,说:"这么措辞不太好。也许可以这么说,张三养狗的需求和李四不想让张三养狗的需求,哪个更加重要?"

陆媛媛说:"哪个更加重要?这是不是就是价值类问题最常用的表述方式啊?"

李呦呦说:"是的。假设你有多个需求,有完成家庭作业的需求,有看电视的需求,有玩手机的需求,有学习逻辑学的需求,你也可以问,这些需求当中,哪个更重要?你应该优先满足哪个需求?"

陈谋还没有完全接受"价值来源于爱"这个说法。他说:"我还是觉得,价值就是需求的满足。价值来源于爱,这样的说法很奇怪。不同的人有不同的需求,爱不同的东西,那岂不是意味着,价值是主观的?但我们又说,生命是无价之宝。生命的价值难道不是客观的吗?"

李呦呦说:"我们上次说过,'生命是无价之宝'这个语句,它的真值条件不明确。蚊子的生命对你来说不是无价之宝。你的生命对你的仇人来说,也不是无价之宝。"

陈谋说:"那我换个真值条件更明确的表述方式——我自己的生命对我来说是无价之宝。"

李呦呦说:"你这个表述恰恰说明,你自己的生命之所以有价值,是因为你爱自己,你想活着,你希望自己的生命不被别的东西夺走。会不会有一天,你不再想活着了呢?"

139

陆嫒嫒摇摇头,问道:"怎么可能有人会不想活着呢?"

李呦呦说:"有的,所以才有'生不如死'这个成语。假设我得了一种病,知道自己还能活一个月,这一个月当中我会处于极度痛苦的状态,任何止痛药和麻醉药都无法平息我的痛苦。这个痛苦的程度实在太高,导致我无法再做任何我爱做的事情。我无法读书,无法写作,无法与朋友交谈,无法与亲人相处。我满脑子都是想着如何止痛。在这种情况下,剩下这一个月的生命对我来说就没有价值。我宁愿更早死去,也不愿意多活一个月。"

陈谋依然没有被说服,他说:"好吧。在这种特殊情况下,也许你的生命对你来说没有价值了。但是你的家人和朋友还爱你,他们希望你活着。"

李呦呦说:"我会跟他们好好沟通,会让他们知道,此刻让我死去,才是真正对我好的事情。如果他们真心爱我,就不会让我如此痛苦,而是会让我死去。他们希望我快乐地活着,而不是生不如死地活着。所以,此刻,我的生命对他们来说也没有价值。更严谨地说,我在这种状态下一个月的生命,对我和我的亲友们来说,都没有价值。可能只有我的仇人希望我以这种状态继续活一个月。"

陈谋又想到了一些反例,他说:"假设有些人有一些很奇怪的需求,比如,有的人喜欢被别人用鞭子抽打,有的人有异食癖,喜欢吃玻璃碎片,这该如何解释?难道对这些人来说,被鞭打和玻璃碎片都是有价值的?"

李呦呦说:"吃玻璃碎片对那个异食癖患者来说,的确是有价值的。但是,吃玻璃碎片可能会影响这个人的健康,比如玻璃渣可能会划破消化道。那个异食癖患者也许更希望自己能健康生活,不希望消化道受损,那么吃玻璃碎片带来的价值就不如不吃玻璃碎片带来的价值。他也许可以积极寻求治疗,治好自己的异食癖。不过,如果那个人强烈地想吃玻璃碎片,也许可以把玻璃碎片磨成没有尖角的小碎块,让消化道不被划破,那么继续吃玻璃碎片会更有价值。"

陆媛媛问:"被鞭打呢?"

李呦呦说:"一般来说,我们不愿意鞭打别人,也不愿意被别人鞭打。但如果有些人愿意打别人,也有些人愿意挨打,双方的需求可以同时满足,那么此时就不成问题。更有争议的价值类问题是类似公共场合吸烟的问题。张三想抽烟,旁边的李四不想吸二手烟,两者的需求是有冲突的。此时我们才需要去问,**当多个需求无法同时满足时,哪个需求更加重要?**"

陆媛媛说:"在电车难题当中,轨道前方的五个人肯定想活下来,但是另一条轨道上的那个人也想活下来。我们该满足谁的需求呢?"

李呦呦说:"上一次我给你们分享了回答事实类问题的一个小诀窍,那就是证言可信度论证。这次我要给你们分享几个回答价值类问题的小诀窍,第一个叫**最大化满意度论证**。它是这样的——

1. 人们应该让价值最大化。

2. 任何东西的价值来源于人类对这个东西的爱、需求、想要、喜欢、期盼。

3. 一个人如果获得了更多他想要的东西，更深入地满足了他的更多需求，那么这个人就获得了更多有价值的东西，这个人就更满意。

4. 每个人都有同样的权利更满意。换言之，每个人的需求和爱都是同样重要的。

因此，5. 我们应该尽可能促使人们活得更满意。如果你的行为只影响你自己，那你就应该促使自己活得更满意。如果你的行为会影响多个人，那么你就应该促使这些人都活得更满意。

在使用这个论证时，我们一般用这个简化版——

1. 在某个场景中，某人需要在做 A 事和做 B 事之间做出选择。

2. 做 A 事比做 B 事更能最大化被影响的人的满意度。

因此，3. 这个人应该做 A 事。

我们先用这个论证来考虑一个简单情况,也就是张三的行为只影响自己,不影响别人。假设陈谋你现在一个人住,想养一只猫,但你又有些纠结,毕竟养猫也会带来一些麻烦,你需要给猫喂食、铲屎,有时还要带猫去看病。因此,在什么情况下,你应该养猫呢?"

陈谋立即"套用公式",说:"把养猫这个行为套进这个论证中——

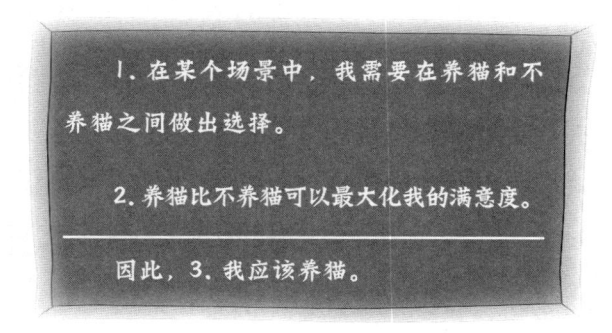

> 1. 在某个场景中,我需要在养猫和不养猫之间做出选择。
>
> 2. 养猫比不养猫可以最大化我的满意度。
>
> 因此,3. 我应该养猫。

辩题:是否应该养猫?

不过,我怎么知道这个论证中的 2 是否可信?我并不知道养猫能不能最大化我的满意度。"

李呦呦说:"这个时候,我们又要用到智能机器人隐喻了。假设你是一个智能机器人,你左手掌心处有一块显示屏,显示屏上时刻显示着你当下的满意值,每秒钟更新一次数值。假设你不养猫的话,你的满意值稳定显示为 50 点。假设你养猫的话,你的满意值会有所波动。猫咪给你带来快乐时,你的满意值会上升;猫咪给你带来烦恼时,你的满意值

143

会下降。假设你和猫有了很深的感情,那么猫咪死亡时,你的满意值肯定会剧烈下降。有些时候,猫咪会大幅增加你的满意值,比如在你难过时它跳进你怀里,用头蹭蹭你。我描述的这个场景,你们俩能清晰地想象出来吗?"

陆媛媛说:"可以的。我们是智能机器人,手掌上有块显示屏,实时显示当下的满意值。不过,我还有个问题。我的满意值受到很多因素的影响,不单单是养不养猫。我喝可乐时,满意值就会上升。我考试成绩不理想时,满意值就会下降。"

李呦呦点点头,说:"为了讨论方便,我们先不考虑别的因素的影响。假定无论是否有猫,别的因素对你的影响都是恒定的。养不养猫都不会使得你多喝或者少喝可乐,也不会增加或者降低你的考试成绩。"

陆媛媛说:"好吧。"

李呦呦说:"来继续我们的思想实验。再假设,陈谋你这台智能机器人再过 80 年就会报废。那么,你不养猫的话,你的满意值总额要怎么计算?"

这种计算对于已经大学毕业的陈谋来说并不难,他说:"那就是我每一秒钟的满意值乘以我接下来能活多少秒,也就是 $50 \times 80 \times 365 \times 24 \times 60 \times 60$。"

李呦呦说:"那你养猫的话,你的满意值总额要怎么计算?"

陈谋想了想,说:"那就要用微积分来计算了。"

陆嫒嫒还没有学到微积分，她说："我不会微积分。"

陈谋说："你可以画一张坐标图。横坐标是时间，纵坐标是满意值。如果我不养猫，那么函数图像就是一条直线，满意值总额就是直线下面的图形的总面积，这是一个长方形的面积。但如果我养猫，函数就会是一条波动的曲线，总满意值就是这个曲线下的总面积。"

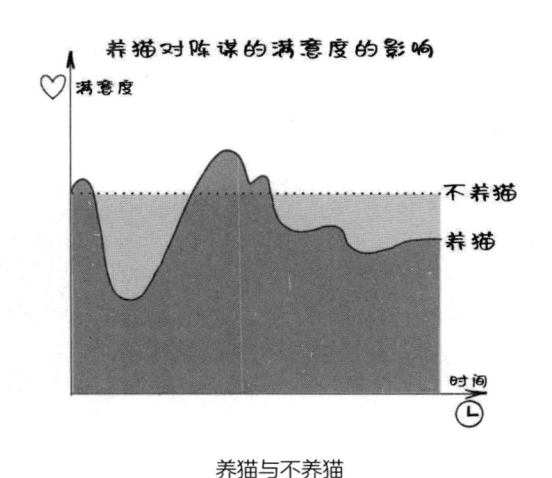

养猫与不养猫

李呦呦说："我们先不用具体去算，可以粗略估计一下，你觉得是曲线下的总面积更大，还是长方形的总面积更大？也就是说，你觉得是养猫状态下你的满意值总额更高，还是不养猫的满意值总额更高？"

陈谋仔细思考了一会儿，说："对我来说，可能不养猫更好。我更喜欢狗，不那么喜欢猫。而且，我也特别怕麻烦，不太愿意照顾猫。养仓鼠也许可以，毕竟一直把仓鼠关在笼子里就好了，照顾起来不那么麻烦。"

李呦呦扶了扶眼镜，点点头，说："你的思路很对。对你来说，不

145

养猫是更有价值的。不过，让我们再设想另一个场景。假设我们三个人住在一起，我特别喜欢猫，而你中等程度地反感猫。陆媛媛则是中立态度，有时候喜欢猫，有时候不喜欢猫。我养猫的话，会同时影响我们三个人，而不只影响自己一个人。这种情况下，我怎样才可以养猫呢？"

陆媛媛说："其实我也特别喜欢猫。喵~"

李呦呦说："为了方便讨论，假设你偶尔喜欢，偶尔不喜欢。"

陈谋说："我们一样要把这个事情代入那个论证——

> 1. 李呦呦需要在养猫和不养猫之间做出选择。
>
> 2. 养猫比不养猫更能最大化我们三个人的满意度。
>
> 因此，3. 李呦呦应该养猫。

也就是说，当养猫可以最大化我们三个人的总满意度时，大师姐你就应该养猫。"

李呦呦说："没错。考虑到我特别喜欢猫，养猫能极大地增加我的满意度。你是中等程度地反感猫，我养猫会导致你的满意度下降一些。陆媛媛时而喜欢猫，时而不喜欢猫，假定养猫后她的那条曲线下的面积和不养猫时的长方形面积是一样的。那么，我就应该养猫。"

陈谋说："但是，这好像不太公平。养猫之后，小师妹没有获益也没有受损，你获益了，而我却受损了。"

第五章　价值与偏爱：哪个更加重要？

李呦呦说："也许我可以在养猫之后给你提供一些补偿，时不时赠送你一些小礼物，提升你的满意度。而且，计算满意总额时，要考虑得非常长远。假设一直是我在照顾猫，而你不需要照顾猫。一段时间后，你和猫咪熟悉了，可能不再对它反感了，甚至变得喜欢它了。那时，你不需要承担养猫的麻烦，只需要专心享受有猫陪伴带来的好处了。"

陆媛媛想起了上周的辩论题，她问："那愚公移山的问题呢？愚公要不要移山？"

李呦呦想了想，说："愚公移山这个问题比较复杂。我们之前提到，要回答价值类问题，必须先回答事实类问题。愚公移山，首先要问的是，移山这个行为会影响哪些人？那些人的满意度分别上升或下降了多少？"

陈谋说："愚公移山，肯定要影响愚公自己，还有他的子孙后代。"

李呦呦说："假设愚公移山打通了 A 村到 B 村的道路，那么移山也会影响 A 村和 B 村的居民。"

陆媛媛说："村民应该感到开心吧？毕竟交通更便利了。愚公自己很坚定地要移山，移山也许可以给愚公带来很大的成就感，但是愚公的子孙后代就不一定愿意移山了。假设我爷爷的爷爷就是愚公，他想移山，但他不应该让我们这些后代也跟着移山。他应该尊重我们的选择。至少我不想花时间移山，我还想读书学习，和朋友们一起玩呢。"

李呦呦说："很好，小师妹你考虑得很仔细。后来，愚公坚定地移山，感动了大力神，让大力神帮助他移山，这样就不用耽误子孙后代的

147

满意总额了。放在今天的语境下,如果有一座山阻碍了交通,那么两个村的村民可以一起出钱出力,政府也可以拨一些款,雇佣专业的施工团队动用挖掘机来修建一条隧道。不能只让一户人家用手工修隧道。毕竟隧道修好后,大家都受益了。"

陈谋说:"不过,我感觉这个计算满意总额的思路,有点不太对劲。"

陆媛媛说:"哪里不太对劲?"

陈谋说:"假设媛媛班里的同学都是坏孩子。一些人很喜欢欺负你,另一些人则在一旁看看热闹,心里头幸灾乐祸。假设你自己被欺负,会导致你的满意值下降 100 点。班里还有 50 个人,他们欺负你,每个人的满意值都可以上升 3 点。总体来说,如果他们欺负你,那你们班上的总满意值不就是 150 减去 100,还剩下 50 点吗?难道他们就应该欺负你,你就活该被欺负?"

陆媛媛说:"不会有这样的班级吧。喜欢欺负别人的同学应该很少,幸灾乐祸的同学也不多。大多数人都是好孩子。"

陈谋说:"就算你们班里的同学大多是好孩子。万一在一个很糟糕的学校,有一个很糟糕的班级,其中大部分都是坏孩子,那该怎么办?"

陆媛媛想了想,说:"我也不知道该怎么办了。大师姐,你说这该怎么办?"

李呦呦说:"这就需要我们用到另一个回答价值类问题的小诀窍了,叫**己所不欲勿施于人论证**。它是这样的——

> 1. 如果在某个场景中，你愿意被别人用 X 方式对待，那么你才允许用 X 方式对待别人。
>
> 2. 在 A 场景中，你愿意被别人用 X 方式对待。
>
> 3. 在 B 场景中，你不愿意被别人用 Y 方式对待。
>
> ─────────────────────
>
> 因此，4. 你可以在 A 场景中用 X 方式对待别人。你不可以在 B 场景中用 Y 方式对待别人。

假设你在上学时，你的同学欺负你。他们把你的教材藏起来，让你找不到，干着急。他们还会给你取绰号，有时候甚至会打你。而你什么事都没做，你没有伤害过他们。你可能是因为长得特别可爱，引起了他们的嫉妒，所以他们才欺负你。这个时候，我们就问那个欺负你的人，他是否愿意因为自己长得可爱而被别人欺负？如果他不愿意，那么他就不可以欺负你。"

陆媛媛说："己所不欲，勿施于人。孔子果然是个大智者，这个论证听起来很合理。"

陈谋说："这个论证好像也有点不太对。如果我爸愿意被我爷爷带去移山，那么我爸就可以带我去移山吗？"

李呦呦说："这个时候我们要仔细考虑你爸所设想的场景中的细节。他为什么愿意被人带去移山呢？可能是因为他认可爷爷的理想，他觉得

149

移山也不是一件特别枯燥无聊的事情,他对移山并不特别抵触。此时,如果你也认可移山的理想,对移山不是特别抵触,那么你爸的确可以带你去移山。"

陈谋想了想,说:"把场景中的细节补充完整后,这个论证确实很有道理。"

李呦呦说:"接下来我们考虑一些更常见的价值类问题。比如,一个小区里有人喜欢养狗,有人怕狗,那么这个小区里的人到底应不应该养狗呢?"

陆媛媛说:"如果是辩论题的话,估计会这么说,小区里的居民养狗,利大于弊还是弊大于利?"

李呦呦说:"没错。小师妹,你觉得为了回答这个价值类问题,我们应该先回答什么事实类问题?"

陆媛媛说:"要先去调查,小区里有多少人?哪些人喜欢狗?哪些人不喜欢狗?"

陈谋说:"还要调查,养狗的人究竟有多喜欢养狗?养狗对他们的满意值总额的提升究竟有多大?而不喜欢狗的人究竟有多不喜欢?别人养狗导致他们的满意值总额下降了多少?"

李呦呦说:"没错。而且还要考虑一些具体的场景,这样才好使用己所不欲勿施于人论证。比如,张三和李四家是邻居。张三家里养狗。而李四是个孕妇,特别怕狗。张三家的狗时不时在自己家叫唤,屋子隔音不是太好，会吓到隔壁邻居。张三出门遛狗时，偶尔也会遇到李四，狗会冲着李四叫，吓得李四跑得老远。在这种情况下，我们也可以问，是否应该允许张三养狗？假设张三自己是个怕狗的孕妇，或者张三家里也有一位怕狗的孕妇，那张三是否愿意邻居李四养一条经常在家里乱叫、见面时也会冲着自己叫的狗？"

陆媛媛说："张三应该是不愿意的。"

李呦呦说："那么，张三自己就不应该养狗，至少不应该以现在的方式养狗。张三也许可以搬家，新的邻居也许不排斥他养狗。张三也可以不养狗，改成养猫。或者，张三养一条更乖巧的、不容易吓到别人的狗。张三也可以训练自己家的狗，让狗不乱叫，并且出门时总是牵好狗绳。同时，张三也许可以给邻居李四送一些礼物作为补偿。总之，张三要考虑到，己所不欲勿施于人。在相似的场景下，张三自己愿意被别人如此对待吗？如果张三愿意，那么张三才可以如此对待别人。"

陆媛媛问："那电车难题要怎么回答？"

李呦呦说："我们等会儿一起来想想，要如何运用最大化满意度论证和己所不欲勿施于人论证这两个小诀窍，来回答电车难题。在此之前，我想先听听你昨天和辩论社的同学是怎么讨论这个问题的。"

陆媛媛说："我和海方是正方，支持变道。武珊珊和林琴是反方，反对变道。海方是我的同班同学。林琴是同年级的其他班的同学。武珊珊是高二的学姐，还是辩论社的副社长。海方先说，死一个人比死五个人更好，所以应该变道。林琴说，控制变道开关的人，明知道变道会杀死一个无辜者，还去变道，那就是故意杀害了那个无辜者，算是谋杀。"

李呦呦说："好的。先暂停一下，你先不要继续说你们两方的辩论。我们先分析一下海方和林琴的论证。论证是一个命题组，形象地说，论证是一个积木塔。海方和林琴都说出了论证，都建造起了积木塔。你来分析一下，他们俩的积木塔分别长什么样？"

陆媛媛问："怎么分析？"

陈谋说："就是用1、2、3、4这样的序号把他们说的话串起来。"

陆媛媛想了想，说："我还没有想好怎么做。"

李呦呦说："没关系，多练习就好了。陈谋你应该掌握论证分析的技巧了吧？"

陈谋说："我大概明白原理了。"

李呦呦说："那你来展示一下如何分析海方和林琴的论证，记得要向团子解释一下你的分析过程。**很多时候，如果我们能把一个知识点向一个初学者解释得非常透彻，那就说明我们已经完全掌握了这个知识点了。如果我们做不到，那也许我们自己理解得也不够深，还需要再精进。**"

陈谋说："好的。我首先是在脑中想象出一个积木搭，塔尖是一个红色的三角形积木，它就是结论，是搭建这个积木塔的人最终想让我们相信的命题。我需要先找到这个论证的结论，也就是这个红色的三角形积木。在团子四人的辩论中，结论很显然就是对辩题的不同回答。海方的结论是应该变道,林琴的结论是不应该变道。"

陆媛媛掰着手指头说:"好的,第一步是先找给出论证的人最终希望别人相信的命题,也就是先找结论。"

陈谋说:"有了积木塔尖,剩下的就是去找支持塔尖的理由积木了。海方说出的理由就是'死一个人比死五个人更好',那我们可以这么改写海方的论证——

> 1. 死一个人比死五个人更好。
>
> 因此,2. 应该变道。

不过,这个论证不完整,还漏了一些理由。至少还要补充一个理由,说明变道会导致这个更好的结局出现。我是这么补充的——

> 1. 如果变道,就会死一人,活下五个人。
>
> 2. 如果不变道,就会死五个人,活下一个人。
>
> 3. 死一个人是比死五个人更好的结果。
>
> 4. 应该做会导致更好的结果出现的事情。
>
> 因此,5. 应该变道。

改写林琴的论证的思路也是类似的。先找结论，再找理由，再补充一些没有说完整的理由。我刚开始是这么想的——

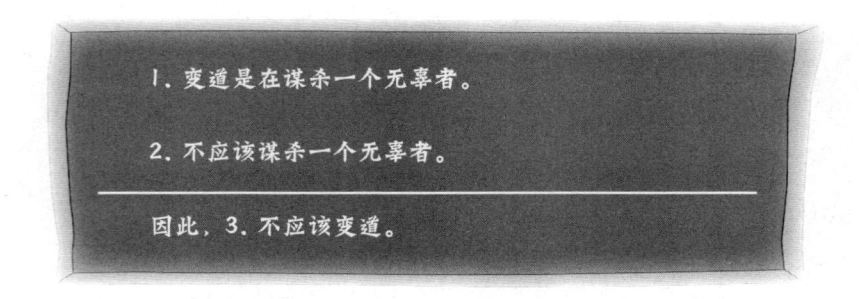

> 1. 变道是在谋杀一个无辜者。
>
> 2. 不应该谋杀一个无辜者。
>
> ——————————————————
>
> 因此，3. 不应该变道。

林琴应该还会给这个论证中的 1 提供理由，但我一时半会儿还没想清楚。"

李呦呦说："陈谋你改写得非常好。"

听了李呦呦的夸奖，陈谋有点不好意思，说："多亏读了你借给我的那本逻辑学的书。"

陆媛媛说："什么书啊？我也想读。"

陈谋说："一本叫《逻辑学的语言》的教材，我读完以后再借给你。"

陆媛媛说："读书好累啊，二师兄读完以后，给我讲讲嘛。"

李呦呦拍拍陆媛媛的脑袋，说："小师妹真是不放过任何一个偷懒的机会。言归正传，我们继续讨论电车难题。你们辩论社的四个人后来又说了些什么？"

陆媛媛回忆了一下,说:"我后来说,如果不变道,那就相当于无视那五个人的死亡。我们明明可以救下那五个人,却选择不去救。这种见死不救的行为是不对的。而且,两害相权取其轻。无论我们怎么选,总是无法避免有人死亡,所以只能选择死亡人数最少的选项。"

李呦呦说:"嗯,后来呢?"

陆媛媛说:"武珊珊学姐又说,我们没有权利决定别人的生死。如果另一条轨道上的那个人自愿牺牲,我们才可以变道。如果那个人没有授权我们拉动操纵杆,我们就无权变道。"

李呦呦说:"好的,那你现在来分析一下你和武珊珊的论证,就像刚刚陈谋做的那样。"

陆媛媛想了想,说:"我说的论证是这样的——

> 1. 如果不变道,那就是无视五个人的死亡,也就是见死不救。
>
> 2. 不应该见死不救。
>
> ——————————————
>
> 因此,3. 应该变道。

还有一个是这样的——

> 1. 如果变道，就会死一人，活下五个人。
>
> 2. 如果不变道，就会死五个人，活下一个人。
>
> 3. 死五个人是比死一个人更糟糕、更有害的结果。
>
> 4. 两害相权取其轻。也就是说，应该做能避免更坏的结果出现的事情。
>
> ——————————————————
> 因此，5. 应该变道。

武珊珊学姐的论证是这样的——

> 1. 我们没有权利决定别人的生死。
>
> 2. 拉动操纵杆变道，就是在决定别人的生死。
>
> ——————————————————
> 因此，3. 我们没有权利拉动操纵杆。

还有一个是这样的——

> 1. 只有在另一条轨道上的那个人愿意让我们拉动操纵杆、授权我们拉动操纵杆的情况下，我们才可以拉动操纵杆。

> 2. 另一条轨道上的那个人并没有授权我们拉动操纵杆。
>
> 因此，3. 我们不可以拉动操纵杆。

小鹿姐姐，你看我改写得对吗？"

李呦呦点点头，说："你改写得很对。你觉得自己掌握诀窍了吗？"

陆媛媛说："我好像有一点点感觉了。我好像知道了分析论证的规则，但我又说不出这种规则。就像骑自行车一样，我知道如何骑自行车，但又说不出我是怎么骑车的。"

李呦呦说："这大概就是语感了。学英语会有关于英语的语感，学逻辑语也会有关于逻辑语的语感。你尽力想一想，试着描述一下自己的逻辑语感。别担心说错。"

陆媛媛："和二师兄说的一样，我也是先找到结论。而且我发现，单独一个理由好像无法支持结论，好像至少要有两个理由才能支持结论。比如，武珊珊学姐想要支持的结论是'不应该拉动操纵杆来变道'，她只说一个理由，'我们没有权利决定别人的生死'。单独这个理由似乎无法推理出那个结论，还需要补充一个理由，'拉动操纵杆就是在决定别人的生死'，两个理由加在一起，才能推理出结论。"

李呦呦说："很好。你觉得这是为什么？"

陆媛媛说:"不知道。是不是至少要有两块积木,才能支持起顶上的第三块积木?"

李呦呦摇摇头,说:"不是的。真要说积木的话,一块积木也可以支撑另一块积木的。**在日常生活中,之所以常常需要至少两个理由才能支持结论,就是因为我们日常生活中最常用的论证是假言三段论、肯定前件、否定后件、析取三段论这四种。**而这四种论证形式都是两个理由支持一个结论。"

陆媛媛觉得"三段论"这个词很耳熟,她说:"我好像听说过'三段论'。"

李呦呦说:"以后我们再仔细说三段论。现在我们先来牢牢记住那四种最常用的论证形式。陈谋,你来说说吧,我借给你的书里有提到。"

陈谋翻了翻书,说:"假言三段论是这样——

1. 如果 P,那么 Q。

2. 如果 Q,那么 R。

因此,3. 如果 P,那么 R。

肯定前件是这样——

> 1. 如果P，那么Q。
>
> 2. P
>
> ———————————
>
> 因此，3. Q。

否定后件是这样——

> 1. 如果P，那么Q。
>
> 2. 并非Q
>
> ———————————
>
> 因此，3. 并非P。

析取三段论是这样——

> 1. P或Q。
>
> 2. 并非P
>
> ———————————
>
> 因此，3. Q。

这里头的每一个大写字母都代表一个命题。"

陆媛媛："这四种论证的名字好奇怪。"

辩题：

电车难题：是选择不变道轧死五个人，还是拉动操纵杆，轧死一个人？

李呦呦说："不需要记住它们的名字，记住它们的内容就够了。尤其是肯定前件，这个最常用。"

陆媛媛问："记住它们有什么用呢？"

李呦呦说："它们就像四个常用公式。如果你想给出什么论证，就可以套用这四个公式中的任何一种。如果你想分析别人给出的论证，也可以套用这四个公式，因为别人也很可能是在套用这些公式中的某一个来给出论证。现在我们就来练习一下，运用这四个公式，加上最大化满意度论证和己所不欲勿施于人论证，来讨论一下电车难题。陈谋你先来想想。"

陈谋说："如果是最大化满意度论证，那先需要考虑电车难题影响了哪些人，怎样做才能让这些受影响的人的满意总额最大化；如果是己所不欲勿施于人论证，那就要想想，假设我们自己是轨道上的人，我们愿意不愿意别人拉动操纵杆。"

陆媛媛说："电车难题肯定影响了轨道上的六个人，还有这六个人的亲朋好友。"

李呦呦说："其实还影响了拉动操纵杆的那个人。"

陈谋说:"那这样就太复杂了。我们了解的情况太少了。假设轨道正前方的那五个人都无亲无故,或者那五个人本来就命不久矣,而另一条轨道上的人还可以活很长时间,而且那个人还有很多亲友,那我们就不应该变道。"

李呦呦说:"为了方便讨论,假设轨道上的那六个人剩下的寿命是一样长的,也假设他们的亲友是一样多的,甚至他们和亲友的关系都是一样好的。"

陆媛媛说:"那这就意味着,应该变道。"

李呦呦说:"那你套用一下假言三段论、肯定前件、否定后件、析取三段论这四个公式,给出一个支持应该变道的论证。"

陆媛媛说:"这不难,我要用肯定前件——

> 1. 如果变道能最大化受影响的人的满意度总额,那么就应该变道。
>
> 2. 变道的确能最大化受影响的人的满意度总额。
>
> ——————————
>
> 因此,3. 应该变道。

不过,2 的可信度好像不是很高,还需要别的理由来支持。我想到了支持 2 的论证,但我还没有想好怎么措辞。"

李呦呦说:"是的。不用着急,慢慢想。**一边想,一边把自己的思路**

写在草稿纸上，然后不断修改。推理是一种思维活动，而论证则是一种语言活动。思维可以很快，但遣词造句却没法很快。不管是理解别人说的论证的意思，还是说出一个论证来表达自己的意思，这都要慢慢来。我们再来考虑己所不欲勿施于人论证。"

陈谋说："如果我是轨道正前方的那五个人，我肯定希望别人变道，我也愿意别人变道。如果我是轨道另一方的那个人，我就不愿意别人拉动操纵杆。我不想死。"

陆媛媛说："但是，如果你死的话，可以救五个人，你也不想死吗？"

陈谋说："如果是救五个亲朋好友，我还可以考虑一下。但如果是救五个陌生人，我还是觉得自己的命更重要。"

陆媛媛说："你想想，那五个人的满意总额会下降到 0，那五个人的亲朋好友的满意总额也会大幅度下降。"

陈谋说："但我死了的话，我自己的满意总额也会下降到 0。这也不像呦呦姐养猫的例子。在养猫的例子中，我的满意总额虽然下降了，但将来还可能涨回来。而一旦我死了，那就什么都没了，别人也没法补偿我了。"

陆媛媛说："也许别人会把你评为烈士。你的家属就是烈士家属，他们会得到补偿。"

陈谋摆摆手，说："这哪儿算烈士。烈士是自愿牺牲，拯救他人的生命。我这是被动的。而且，我的死并不会直接导致别人得救。导致别人得救的是控制变道的人。而且,就算我的家人得到补偿,我觉得他们宁愿不要补偿,而是希望我活着。补偿给他们带来的满意总额的提升,无法弥补我的死亡给他们带来的满意总额的下降。"

陆媛媛说:"大师姐,用己所不欲勿施于人论证的话,我们到底该不该变道?"

李呦呦想了想,说:"电车难题无法直接套用己所不欲勿施于人论证。因为我们不知道自己是正前方的五个人还是另一条轨道上的一个人。这个时候,也许可以用另一个论证,叫无知之幕论证。"

陆媛媛说:"无知之幕论证?这个名字听起来好厉害。"

李呦呦说:"我先举个例子。假设现在我们面前有一块蛋糕,每个人都想分到最大的一块。如果让切蛋糕的人最后选蛋糕,那么切蛋糕的人会怎么做?"

陈谋说:"切蛋糕的人肯定会尽可能把蛋糕平均分成三块。这样一来,就算切蛋糕的人最后选也没关系,反正剩下的最小的这块,和其他两块也几乎是一样大的。"

李呦呦说:"按照类似的思路。假设你可以设计整个社会的规则和制度,但你又不知道自己会是这个制度下什么样的人。你可能是男人,也可能是女人。你可能是老人,也可能是幼儿。你可能很富有,也可能很穷。你可能很聪明,也可能比较笨。你可能很漂亮,也可能很丑。你可能生活在城市,也可能生活在农村。总之,你的眼睛上蒙着一块无知之幕,你看不见自己是什么样的人。那你会怎么设计社会制度?"

无知之幕：如果我不知道自己是
男人／女人、贫穷／富有……我该如何设计社会制度？

陈谋说："我肯定也像切蛋糕一样，尽可能把制度设计得比较公平。"

李呦呦说："那现在你要设计出一个制度，一条规则。这条规则规定了在这种电车难题的情况下，应不应该变道。但你又不知道你会是什么人。你有可能是任何一个人。那你会怎么设计规则？"

陈谋以前没有考虑过这种大问题，他说："我还没有想好。"

李呦呦问："团子你呢？"

陆媛媛说："假设这个电车难题只涉及七个人。一个控制操纵杆的人，六个轨道上的人。那我是不是有七分之一的概率是拉动操纵杆的人，七分之一的概率是另一条轨道上的人，七分之五的概率是轨道正前方的人？"

李呦呦说:"是的。"

陆嫒嫒说:"那我觉得,规则就是应该拉动操纵杆。毕竟,我最有可能会是因为拉动操纵杆而得救的人。"

陈谋说:"这样一来,这个无知之幕论证和最大化满意度论证,结论不是一样的吗?"

李呦呦摇摇头,说:"不太一样。最大化满意度论证是要最大化所有受影响的人的满意度。无知之幕论证则是要最大化一个社会中最弱势群体的满意度,最大化最底层人的幸福感。我们都有可能因为运气不好而陷入困境,变成某个场景中最悲惨的人。而无知之幕算是一个保险机制,它要提升最悲惨者的满意度。所以,设计制度时,要让最小的那块蛋糕也足够大。我们可以这样表述无知之幕论证——

> 1. 人们在无知之幕背后设计的制度就是公平的制度,在无知之幕后做出的选择就是公平的选择。
>
> 2. 如果人们在无知之幕后设计制度,做出选择,那么就会设计出让最悲惨的人或人群的满意度最大化的制度和选择。
>
> 3. 我们应该在公平的制度下做出公平的选择。
>
> 因此,4. 我们应该选择让最惨的人或人群的满意度最大化,也就是让最惨的人变得不是那么惨。

使用时可以稍作简化，可以这么说——

> 1. 在某个场景中，某人需要在做 A 事和做 B 事之间做出选择。
>
> 2. 做 A 事能让最悲惨的人或人群变得不是那么悲惨。
>
> 因此，3. 这个人应该做 A 事。

在运用这个论证时，关键是 2。2 不是一个价值类命题，而是一个事实类命题。所以，我们需要调查，去搞清楚究竟哪个人或哪些人是最惨的人？怎么做才能让这些人最不惨？"

陈谋说："在电车难题中，拉动操纵杆的人不是最惨的。那六个人都很惨。一定要比的话，可能那五个人作为一个群体，比那一个人更惨。所以，我们应该变道。是这样吗？"

陆媛媛说："这么说来，我的直觉还是很准的。我就觉得，电车难题中，变道才是正确答案，不变道是错误答案。大师姐，你觉得呢？"

李呦呦说："我的直觉也是要变道，但我不确定我是否应该听从自己的直觉。我们第一期散步时间提到了，语义类问题、事实类问题、价值类问题、策略类问题这四个问题有着递进的关系。要回答价值类问题，必须先回答语义类问题和事实类问题。在这个电车难题中，'好''权利''公平'这样的语词的定义不是那么明确。而且，我们也没有先调查具体事实。"

陈谋说:"我明白了。电车难题是一个虚构的案例,我们没法调查事件的细节。我们不知道那六个人余下的寿命有多长,不知道他们有多少亲友。我们甚至不知道变道后会不会造成别的严重后果。比如,火车行驶轨道的临时改变导致这辆火车和另一辆火车相撞,结果死了数百人。那样就得不偿失了。"

李呦呦说:"没错。所以我才说,价值类问题比事实类问题更难回答,更有争议。有的人的目标是让所有人的满意度都最大化。有的人的目标是只让自己的满意度最大化。有的人的目标是让最惨的人的满意度最大化。有的人不优先考虑满意度的最大化,而是优先考虑一些不可违背的原则,比如己所不欲勿施于人,或者不可谋杀、不可偷盗、不可撒谎、应该照顾亲属等。"

陆媛媛说:"那我们到底要怎么回答价值类问题呢?"

李呦呦说:"**在辩论赛上,之所以有价值类的辩题,那是因为这类辩题的辩论效果比较精彩。在日常生活中,之所以有价值类问题,是因为人们在一些价值标准和事实认定上出现了分歧。价值标准上的分歧,主要依靠协商和谈判才能解决**。假设你和你父母有了价值判断上的分歧,你们就要坐下来,好好谈判。也许你们需要相互妥协,求同存异。不过,运气好的话,你们谈着谈着就发现,原来价值标准上没有分歧,有分歧的只是事实认定。**事实认定上的分歧可以通过调查和研究的方式来解决**。"

价值类问题比事实类问题更难回答，更有争议。
我们到底要怎么回答价值类问题呢？
价值类问题通常源于价值标准和事实认定上的分歧。价值标准上的分歧，主要依靠协商和谈判才能解决。事实认定上的分歧可以通过调查和研究的方式来解决。

陆媛媛说:"那如何去调查和研究事实呢?上次你说的证言可信度论证,只告诉了我如何判断别人说的事实究竟是不是事实,但没有告诉我该如何自己去调查事实真相。"

李呦呦说:"这个我们以后再说。今天逍遥学派的散步时间就到这里了。我们下一期要讨论策略类问题和命题。我是李呦呦。"

陈谋说:"我是陈谋。"

陆媛媛说:"我是陆媛媛。"

三人异口同声说:"我们下期再见。"

第六章
策略与行动：
我们该怎么做？

10 月 21 日，星期五，下午

今天陆媛媛四人抽中的辩题是，中学该不该要求学生统一穿校服？陆媛媛之前没有想过这个问题，一时不知该如何开始。海方和林琴也不太了解这个问题的背景。于是，四人直接进入了复盘环节。在复盘环节，四人不再分成二对二的对手，也没有正反方之分。四人一起思考正反双方该从哪些角度展开辩论。

武珊珊说："这个辩题其实对正方有优势。因为我们的现状就是要求统一穿校服。如果没有很好的理由来支持改变现状，我们就会默认应该维持现状。所以，反方需要提出很好的理由来反对统一穿校服，而正方只需要指出反方的理由其实并不够好，这样就足够了。如果正方还能给出好的理由来支持穿校服，那就能进一步增强正方的说服力了。"

林琴说："不同的学校应该有不同的现状吧。有些学校要求学生统一穿校服，有些学校并没有这种要求。"

武珊珊:"我们也许应该先调查一下,哪些学校要求学生统一穿校服,哪些学校没有这种要求。"

海方说:"小学好像没有要求统一穿校服,大学也没有。好像只有中学要求学生统一穿校服。"

林琴说:"日本和韩国好像也是要求学生穿校服,美国好像很少有这样的要求。"

武珊珊用手机上网查了查,说:"英国好像也是要求学生穿校服,小学开始就要穿了。"

陆媛媛也上网查了查,说:"要不要统一穿校服这个问题,争议好像很大。支持的人很多,反对的人也很多。"

武珊珊问:"他们分别提出了什么支持和反对的理由?"

陆媛媛把手机递给武珊珊,说:"这是网络百科全书上的英文资料,很多单词我还不太认识。"

武珊珊接过手机,仔细读了读,说:"这些资料比较长,我去找老师帮忙打印出四份,这样我们读起来更方便。"

就这样,四人花了许多时间搜集和整理资料。虽然他们还没有对这个辩题做出最终回答,但想到了不少正方或反方可以使用的辩论策略。

在辩论社的活动结束前,林琴提议说:"我们的好多辩题跟今天这个校服问题一样,都需要提前准备一下,查找一些资料,然后才好辩论。

现在我们是快要辩论了才随机选择辩题,这样就没有时间准备了。不如我们现在把下周五的辩题也提前确定下来,这样我们就有一周时间来准备了。"

陆媛媛说:"这是个好主意,我赞成。"

海方说:"我也赞成,但是我爸妈不让我用电脑,也没有给我买智能手机。我不方便查资料。"

武珊珊想了想,说:"这样吧,我们下次的辩题就设置成,父母是否应该限制孩子使用电脑?你们觉得怎么样?"

海方说:"这个辩题好。我要当反方,我认为不应该限制。"

武珊珊说:"正反方还是要抽签决定。这样才好锻炼我们的辩论能力。因为我们要提前想清楚那些不同意我们的观点的人,他们脑中的想法是什么?"

海方说:"我爸妈在这点上就是思想僵化,还听信了网上传的谣言,说电脑对人有害。我跟他们说了很多很多次了,完全说不通。他们根本就不讲道理,没法说服他们。"

武珊珊说:"你可能没有认真理解你爸妈的话。**我们都习惯性地认为那些不认可我们的观点的人是思想僵化的人,但说不定我们自己才是思想僵化的人。**"

陆媛媛说:"我有个办法。海方你把你和你爸妈的对话尽可能完整地记录下来，写下来。我们可以一起分析一下你们的对话，看看哪些话说得有理有据，哪些话是强词夺理。"

林琴说："我支持陆嫒嫒的建议。海方，知己知彼，才能百战不殆。如果你想要改变你爸妈的想法，那你就先把你爸妈现有的想法钻研透彻，搞清楚他们为什么会形成现在的看法。"

武珊珊说："没错。如果你想让他们不再限制你用电脑，你就需要先彻底明白他们为什么限制你用电脑，他们究竟有哪些顾虑。这就是我之前说的，在辩论赛当中，如果某一方支持的结论是要改变现状，那这一方的难度就比另一方高很多。改变现状需要很强的理由。你们家的现状就是你爸妈不让你用电脑。你是支持需要改变现状的那一方，所以你要花很多功夫来准备，才有可能改变现状。"

海方说："好吧，那我努力回忆一下他们以前说了些什么。我今晚回家再问问他们，然后把他们说的话都记下来。"

陆嫒嫒说："别忘了把你自己说的话也记下来。"

海方说："好的。"

10 月 22 日，星期六，早晨

梳理好提纲后，李呦呦按下了录音按钮，说："欢迎来到第五期的逍遥学派的散步时间，我是大师姐李呦呦。"

陈谋说："我是二师兄，陈谋。"

175

陆媛媛说:"我是小师妹,陆媛媛。"

李呦呦说:"这一期我们要讨论的是策略类问题和命题,这是我们日常生活中最实用的问题。所以今天这一期散步时间,大家可不要错过哦。陈谋,你先来说说,什么是策略类问题和命题?"

陈谋问:**"策略类问题就是在问,我们该怎么做才能实现我们预期的目标?我们该采取哪一种具体的行动方案才能取得我们想要的效果?策略类命题就是策略类问题的答案。"**

李呦呦说:"没错。策略类问题也是那四类问题中最复杂的一种。我们先来想想,有哪些常见的策略类问题的表述方式?人们想问策略类问题时,一般会怎么措辞?"

陆媛媛说:"人们会问,要怎么做才达到 X 效果?什么才是实现 X 目标的最佳方案?比如要怎么做才能提升英语考试成绩?什么才是实现减肥目标的最佳方案?"

陈谋说:"人们也可以问,A 方案是不是达到 X 目标的最佳方案?A 方案是不是比 B 方案更能达到 X 目标?比如,在一局电子游戏竞技中,走上路是不是比走中路更能取得比赛胜利?选法师是不是比选战士更好?"

李呦呦说:"有时我们也没有把 X 目标明说出来,而是直接问,应不应该做 A 这件事?比如,今晚应不应该去看电影?今晚应不应该读这本书?应不应该和张三约会?如果是辩论赛里常见的政策类辩题,那可以问，应不应该让安乐死合法化？应不应该让性交易合法化？应不应该让器官交易合法化？"

陆媛媛问："学校应不应该要求学生统一穿校服？家长应不应该限制孩子用电脑？这两个算不算策略类问题？"

李呦呦说："这两个也是政策类辩题，算是策略类问题的一种。"

陈谋说："策略类问题总是在问，应不应该做某事。"

李呦呦说："没错，而且**策略类问题是面向未来的**。它总是在问，接下来我们应该做什么事，才能实现我们的目标？"

陆媛媛问："那怎么回答策略类问题呢？"

李呦呦说："我们先来看看策略类问题的本质。策略类问题的本质是人们想知道接下来应该做什么具体的事。它和价值类问题不一样。价值类问题是问，在许多不同目标中，哪个目标更重要？而策略类问题通常默认了有一个目标很重要，比如 X，现在只是问，哪些具体的行动最能帮助我们实现目标 X？"

陈谋说："所以，**策略类问题的答案，也就是策略类命题，它的用处就是帮助我们制订行动计划，指导我们接下来应该做什么事**，是这样吗？"

李呦呦说："没错。你觉得，我们在回答策略类问题时，第一步应该做什么？"

陈谋说："第一步是不是应该先问价值类问题？这个 A 行动要实现

177

的目标是什么？X 目标是不是真的比 Y 目标更重要？比如，和张三约会这个行动要实现的目标是什么？读书和看电影哪个更加重要？**应该要先确定目标是什么，然后才去思考哪个策略能达到目标。**"

李呦呦说："是的。策略类问题的答案是一个策略。策略就是行动方案，就是一个比较具体的、可执行的行动计划，这个计划是为了达到目标而制订的。你再想想，我们第二步要做什么？"

陈谋说："第一步已经确定好了目标，那么第二步就应该制订计划了吧？"

第一步确定目标，第二步制订计划

第六章 策略与行动：我们该怎么做？

李呦呦说：“没错。而且计划永远不止一个，我们总是可以有 A 计划、B 计划、C 计划等各种各样的计划。所以，**当我们说应该采取 A 行动时，我们要确保 A 行动真的比 B 行动、C 行动等别的行动更好**。我们要去问，A 方案是不是在诸多可选的行动方案中是最好的？假设我们的目标是提升英语考试成绩，我们目前想到的方案是读英语小说，那我们就可以问，读英语小说是不是在诸多可选的能提升英语成绩的方案中，最好的那一个？"

陆媛媛问：“我们怎么判断什么样的行动方案是最好的呢？"

李呦呦说：**"我们总是需要在多个行动方案之间做出比较。通常，我们会从成本和收益这两个维度来比较。所以，成本比较低且收益比较高的方案就是好方案。"**

陆媛媛问："成本低是什么意思？"

李呦呦说："团子你已经养成了询问语义类问题的好习惯了。很好，要继续保持这个好习惯。**一件事情对你来说成本比较低，是指你做这件事要投入的人力和财力不太多，这件事也不会给你带来什么损失。这件事对你来说不是特别难，不需要花太多的时间和精力。做这件事情也不需要投入太多金钱。**假设我们目前考虑的目标是提升英语成绩，方案是读英语小说。那我们就要问，读英语小说对你来说是不是太难了？是不是会花费你太多的时间和精力？英语小说会不会太贵了？读英语小说会不会带来什么坏处？比如不注意保护眼睛的话会不会导致近视？"

陆媛媛问："那收益比较高是什么意思？"

179

逻辑女孩——论辩篇：我们是如何变得更聪明的？

> 我们怎么判断什么样的行动方案是最好的呢？

> 我们总是需要在多个行动方案之间做出比较。通常，我们会从成本和收益这两个维度来比较。成本比较低且收益比较高的方案就是好方案。

李呦呦说:"一个行动的收益比较高,就是指这个行动能较好地达到目标。**这个'较好'是模糊的,没有精确的分界线**。所以目标不一定要完全达到,能达到 90% 的既定目标也不错了。不过,有些行动甚至能超额完成目标,达到 120% 都有可能。比如,假定你原先的目标是提升 10 分,A 方案能帮你提升 8 分,B 方案能帮你提升 15 分,那么 B 方案的收益就更高。"

陆媛媛说:"这么说来,策略类问题并不难嘛。我们只要利用成本低、收益高这两个标准,从多个行动方案中选出最好的那个就可以了。"

李呦呦说:"不是的。策略类问题是比较复杂的。因为每一个行动方案都是牵一发而动全身的。"

陈谋问:"牵一发而动全身?"

李呦呦说:"我们先不考虑涉及多个人的行动方案,只考虑涉及一个人的情况。首先,每一个人的时间和精力也都是有限的。你每天只有 24 小时,每花一小时用来看电视剧,就不能花这一小时读书。每花一小时读书,就不能用这个小时来和朋友玩耍。所以,要不要做 A 事,要不要采取 B 行动方案,这样的问题都是牵一发而动全身的。因为你一旦花了一小时做 A 事,就无法用这一小时来做 B 事、C 事、D 事等其他事情了。**时间之河绝不会倒流。你做任何事情都是有机会成本的。做 A 事的机会成本就是无法再获得做 B 事或 C 事给你带来的收益了**。"

陆媛媛问:"这个小时做 A 事,下一个小时再做 B 事,再下个小时做 C 事,这样行吗?"

李呦呦说:"也许可行,但我们依然要做出权衡。因为,就算一个人能活 100 年,这 100 年也不到 88 万小时。我们总是要在不同行动之间做出取舍。所以,我们需要制订一个明智的计划,尽可能充分利用好这 88 万小时的光阴。而这 88 万小时,就是我们人生的全部时间了。而且,我们三个已经消耗掉其中的一些时间了,我已经消耗掉了 24 万多小时了。"

陆媛媛拿出手机算了算,说:"我也消耗了 14 万小时。"

陈谋无奈地说:"唉,我们也不一定能活 100 年,能活到 80 岁就算是长寿了。"

李呦呦说:"所以,我们更要学会如何回答策略类问题。这样才能过上清醒的人生。"

陈谋说:"那涉及多个人的行动方案,岂不是更复杂?比如,应不应该让器官交易合法化?这要涉及好多人。涉及需要买器官的人,涉及想要卖器官的人,还涉及医生以及普通大众。现在我们可以买到世界各地的东西,所以,一个国家的政策,说不定会影响全世界各地的人。假设现在中国的器官交易合法化了,但外国还没有,那外国人就会来中国交易人体器官。"

李呦呦点点头,说:"是的。**没有人是一座孤岛,所有人都是人类的一员**。你可以把地球上的所有人看作一个人。这也是一个牵一发而动全身的人。就算不考虑所有人类,只考虑个人的生活,假设你们将来结婚了,那你的行动必然会影响你们的配偶。如果你们有了孩子,那你的行动也会影响孩子。假设你将来成了某个组织的管理者和决策者,那你的行动就会影响整个组织。"

陆媛媛问:"这么说来,策略类问题确实很重要。我们的所作所为会影响别人,别人也会影响我们。我们该怎么做呢?从哪里才能找到成本较低且收益较高的好方案呢?"

李呦呦说:"回答策略类问题时,通常要遵守四个步骤。**第一步,明确目标与现状之间的差异。第二步,寻找缩小差异的可选方案。第三步,在对比中找出最优方案。第四步,在执行中不断优化方案。**团子你问的是第二步该怎么做。我们来举几个具体的策略类问题的例子。你们各提出一个你们现在觉得很重要的目标。团子你先来。"

陆媛媛看着李呦呦说:"我现在的目标是要成为像大师姐这么聪明的人。"

李呦呦说:"小师妹最擅长讨大师姐的欢心了。"

陆媛媛严肃地说:"我没有开玩笑。小鹿姐姐你是我见过最聪明的人了。往小了说,变得更聪明可以让我赢得辩论赛,提升学习成绩。再说,谁不想要变得更有智慧呢?"

李呦呦说:"好吧。那你提出的策略类问题,就是该怎么做才能变得更有智慧,对吗?"

陆媛媛说:"是的。"

李呦呦说:"陈谋,你呢?你现在有什么目标?"

陈谋看着天花板想了想，说："我目前想不到自己有什么重要的目标。我好像没有目标。"

李呦呦说："那你想想，跟你类似的人，22 岁左右的年轻男性，一般会有什么重要的目标？"

陈谋说："那我就提一个恋爱方面的目标吧。该怎么做才能拥有美满的爱情？"

李呦呦说："很好。团子提的目标算是学习方面的目标。陈谋提的目标是社交方面的目标。那我就提一个事业方面的目标吧。比如，我们应该怎么做才能做好'逍遥学派的散步时间'这个播客节目？"

陆媛媛觉得这三个目标很不一样，她说："如何更有智慧？如何拥有美满爱情？如何做好播客节目？这三个目标好像不太搭，第三个目标和前两个的画风都不太一样。"

李呦呦说："你是想说，前两个目标是比较大的目标，第三个目标是比较小的目标，是吗？"

陆媛媛说："是的。大师姐你不是说让我们提重要的目标吗？我和二师兄提出的人生大目标才是重要目标吧？"

李呦呦说："人生大目标的确是重要目标，但在回答策略类问题时，我们要把目标具体化。你还记得我们讨论语句的真值条件和语词的操作性定义吗？"

陆媛媛点点头，说："我还记得。"

李呦呦说:"如果我们提出的策略类问题是如何更有智慧?那我们还需要先思考一个语义类问题,什么是智慧?一个人要有哪些具体的特征,才算是有智慧的人?同理,为了回答如何拥有美满爱情这个策略类问题,我们也需要先思考一个语义类问题,什么是美满的爱情?"

陆媛媛说:"大师姐说过,在回答语义类问题时,要向专业人士请教。"

陈谋问:"大师姐,这两个问题要向什么领域的专业人士请教呢?"

李呦呦又捋了捋不存在的胡子,说:"你们俩算是问对人了。哲学和心理学都是我擅长的领域。对于智慧和爱情这两个主题,我还算小有心得。"

陆媛媛说:"愿闻其详。"

陈谋说:"洗耳恭听。"

李呦呦看了看时间,说:"现在没法三言两语说清楚。我们下次出门散步的时候再细说。总之,我建议你们把这两个大目标改写成明确的小目标。小师妹那个就改写成,如何高效率地学习各个领域的知识,陈谋提的就改写成,如何与恋人形成良好的亲密关系,你们觉得这样改写,怎么样?"

陈谋说:"首先得有一个恋人。不如改写成,如何找到合适的恋人?"

陆媛媛说:"要想变得更聪明,更有智慧,首先肯定要有大量的知识。这么改写挺好的。我的确很想知道如何高效率地学习各个领域的知识。我们甚至可以改写得更具体一些,如何高效率地学习逻辑学知识?"

185

问题：
如何高效率地学习逻辑学知识？

李呦呦说："很好。那我们先来回答这个策略类问题，如何高效率地学习逻辑学知识？**第一步是明确目标与现状之间的差异**。首先，团子你的目标是提高自己学习逻辑学知识的效率。那你的现状是什么呢？你肯定觉得自己目前学习逻辑学的效率还不够高，这有什么具体表现吗？"

陆媛媛说："我觉得自己目前最大的问题就是不太会运用这些逻辑学知识。我们每一期播客的录音，我都听了好几遍。许多知识点我是记住了，但我好像还不能灵活地运用这些知识点。比如，我还不是很会分析论证，尤其是不太擅长补充隐含理由。对于假言三段论、肯定前件、否定后件、析取三段论这四种论证形式，我用得也不熟练。"

李呦呦说："假设满分是 100 分，你给自己目前的学习效率打多少分？你想要提升到多少分？"

陆媛媛说："我觉得自己目前也就 60 分，我想要提升到至少 90 分。"

李呦呦说："那我们继续来看**第二步，寻找缩小差异的可选方案**。你觉得有哪些行动方案可以帮助你提升学习效率？"

陆媛媛说："我之前没有做笔记。也许做笔记可以提高学习效率。毕竟拿出笔记本复习比重复听录音要方便很多。但我没有做笔记的习惯，我也不确定做笔记到底有没有用。"

李呦呦说："嗯，那你还能想到别的行动方案吗？"

陆媛媛说："我也没有找更多逻辑学方面的书来读，全都是听大师姐你讲，自己没有主动去读书。也许，主动读书可以提高学习效率。"

李呦呦说："还有吗？"

陆媛媛说："也许还可以上网找一些视频课程，现在网上有很多免费的学习资源。"

李呦呦说："还有吗？"

陆媛媛挠了挠头，说："暂时想不到了。"

李呦呦说："陈谋，你还能想到什么能提升团子的学习效率的行动方案吗？"

陈谋说："也许还可以做一些练习题或者考试题。做题可以查漏补缺，巩固记忆效果。"

李呦呦说："还有吗？"

陈谋说："我也暂时想不到了。"

李呦呦说："其实，把自己学到的知识再教给别人，也是一种巩固自己学习成果的好方法。我经常把自己学到的知识讲给别人听，有时候是写成科普文章。这不仅能帮到别人，也能帮到我自己。"

陆媛媛摇摇头，说："不会有人愿意听我讲逻辑学的。我自己都还没有学好，哪有本事教别人。"

李呦呦说："这要看你跟别人说话时的态度。**如果你的态度是居高临下地教别人做事情，别人就会反感你。但如果你的态度是兴高采烈地向别人分享自己学到的新知识，别人就会很高兴听你说话。**"

陈谋点点头，说："有道理。"

李呦呦说："**我们现在继续第三步，在对比中找出最优方案。**现在有做笔记、主动读书、看视频课程、做练习题、向别人分享知识这五种方案。你们觉得哪些是成本较低、收益较高的好方案？"

陆媛媛说："做笔记没什么坏处，它的成本肯定很低，收益不知道高不高。主动读书，如果是大师姐把书借给我读，我就省下买书的钱了。不过，我读书时间一长，眼睛就很累，很难坚持读书。看视频课程的话，眼睛倒不是很累，毕竟重点是听视频里的老师讲了什么。不过，我也不知道自己能不能在网上找到好的课程。练习题我是愿意做的。但要是让我向别人讲逻辑学方面的知识，我还是有点不好意思。"

李呦呦看着陈谋，说："二师弟，你觉得这几个方案哪个比较好？"

陈谋说："我自己比较喜欢看视频课程，也比较喜欢做笔记。只是，适合我的方案，不一定适合小师妹。"

陆媛媛灵机一动，笑着说："我又想到一个新方案。"

陈谋说："什么方案？"

陆媛媛竖起一根手指，说："让大师姐多给我开小灶。这个方案对我来说成本最低，收益最高。"

李呦呦也笑了起来，她说："你这个机智的小团子啊。如果是涉及多个人的策略类问题，那就要考虑多个人的成本和收益。你之前提到了一个问题，学校应不应该要求学生统一穿校服？这个问题就涉及很多人。学生、学生家长、老师以及学校的各种工作人员。我们要考虑所有可能影响到的人的成本和收益。让我给你开小灶，这不仅涉及你，也涉及我。这个方案对你来说也许是成本最低且收益最高。那这个方案对我来说，它的成本和收益分别是什么呢？"

陆媛媛想了想，说："好像没什么收益，也没什么成本。"

李呦呦说："我们不是才说过，做任何事情都是有机会成本的？我花一小时给你开小灶，那我就不能把这一小时用来工作、读书、玩耍、睡眠。做甲事的机会成本就是你本来可以做乙事所带来的收益。"

陆媛媛嘟着嘴说："那呦呦姐你想要什么呢？只要我能办到，我都可以答应你。"

李呦呦说："现在还不需要你特意做什么。我的一个朋友在约我写一本面向零基础读者的逻辑学科普书，书中不可避免会出现大量抽象的逻辑公式，这可能会增加书籍的阅读难度。但书籍本身又想要兼顾趣味性和学术性。到时候可能需要你作为内测读者，给我提一提建议。"

陆媛媛说："我水平不高，应该提不出什么好建议。"

李呦呦说："这你就不用担心了。你只需要耐心地读我写的草稿，然后告诉我任何你觉得自己还没有读懂的地方，或者读起来太枯燥的地方，或者读懂以后也不知道有什么用的地方。我再去将这些地方修改得更有趣且更有用，就可以了。"

陆媛媛说："这不难，读书的耐性我还是有的。"

陈谋说："我也可以帮忙做内测读者。"

李呦呦说："好。我们继续来回答策略类问题。第三步是在对比中找出最优方案。假设我给你开小灶就是最优方案。**第四步是在执行中优化方案**。这一步就需要我实际去执行这个方案后，如果发现有什么不对劲的地方，那就再去优化了。"

陆媛媛问："可能有哪些不对劲的地方？"

李呦呦说："那就太多了。**可能是目标设置得不对**。可能设置得太难或太简单，或者设置得不够明确。还可能对现状认识得不明确，这导致我们第一步就没有做好，没有明确目标与现状之间的差异。第二步也可能没有做好，比如没有寻找到足够多缩小差异的可选方案。第三步也可能没有做好，比如高估了一些方案的成本，低估了一些方案的收益，这导致我们在对比时没有找到真正的最优方案。总之，这需要具体问题具体分析了。"

陆嫒嫒："看来回答策略类问题和回答事实类问题一样，不能寄希望于只在书桌上就解决一切问题。"

李呦呦说："是的，在岸上是学不会游泳的。要想解决问题，光动脑子和嘴皮子还不够，还需要动手才行。我们再来看陈谋提出的策略类问题，如何拥有美满的爱情？"

陈谋说："已经改了，改成如何找到合适的对象。"

李呦呦说："好的。来看第一步，明确目标与现状之间的差异。你的现状是什么？"

陈谋说："我现在没有对象。之前短暂谈过几个，但都不太合适，也就没有真正在一起。和一些网友倒是很聊得来，但是都没有见过面。"

李呦呦说："那你的目标是什么？"

陈谋说："目标就是找到一个我喜欢且喜欢我的人。然后我俩在一起呗。"

李呦呦说："那你具体喜欢什么样的人？你觉得什么样的人会喜欢你？"

陈谋说："我喜欢长得漂亮，爱干净，温柔体贴，有幽默感，能陪我一起打游戏的人。"

李呦呦说："那你觉得什么样的人会喜欢你？"

> 问题：如何找到合适的对象？

陈谋想了想，无奈地说："不知道。"

李呦呦说："一般来说，人们会喜欢与自己相似的人。比如世界观、价值观、人生观相似，性格相似，兴趣爱好相似，能力水平也相近。"

陈谋说："也就是说，跟我相似的人会喜欢我？"

李呦呦说："严谨地说，跟你相似的人更容易被你吸引，对你产生好感，欣赏你的许多特征。在其他人眼中，你的许多特征算是中性的，甚至是负面的。而你的优点则不一定能得到充分的认可。但在跟你相似的人看来，你的许多特征都是正面的，缺点也可以原谅，而你的优点则看起来更加闪亮。"

陆媛媛问："那我们在找对象时，是不是应该找跟自己相似的人？"

李呦呦说："也要考虑别的条件。如果别的条件都差不多的话，那找跟自己相似的人会更好。毕竟，两个互相欣赏、认可、吸引的人在一起，更容易形成亲密无间的良好感情关系。"

陆媛媛问："要考虑哪些别的条件？"

李呦呦说："这个我们出门散步时再说吧。我们先继续第二步，寻找能缩小目标和现状之间的差异的可选方案。你们觉得，有哪些方案可以帮助陈谋缩小目标和现状？"

陈谋说："我也知道我的目标定得不现实，定得太高了。先降低目标，这样就能缩小目标和现状之间的差异了。"

陆媛媛说:"改善现状也可以的。二师兄本来就优秀,和优秀的人在一起,这是理所当然的。"

陈谋说:"没有没有。我一点都不优秀,只能算是普普通通。除了擅长打游戏,我没什么突出的优点了。"

李呦呦说:"擅长打游戏本身就是一个很突出的优点了。绝大多数人都不擅长打游戏,至少无法像你一样排名这么靠前。你要对自己更有自信哦。"

陈谋说:"我还是按团子说的,改善一下现状吧。有哪些具体的方案能改善我的现状呢?"

李呦呦说:"如果是要提高外表吸引力的话,可以靠衣服,也可以靠化妆,或者医学美容。还可以锻炼身体,练出健美的身材。如果是提高内部吸引力的话,也许就要通过学习来提升自己的能力和修养。而且,即便提升了外表吸引力和内部吸引力,也需要积极主动地和潜在的合适对象接触。酒香也怕巷子深。"

陈谋无奈地说:"现在的女生大多只看脸,她们根本就不关心内在。"

李呦呦摇摇头,说:"不是的。所有人都喜欢漂亮的人,这点男生和女生是一样的。你也许可以说,大家最初是因为外表吸引力而接触,但真要长期相处,还是要靠内在的。"

陆媛媛问:"具体有什么方案能提升一个人的内部吸引力呢?大师姐你只说了要通过学习来提升能力和修养,我们具体要学什么?怎么学?

提升哪方面的能力和修养？"

李呦呦说："这也等到我们出门散步时再说吧。"

陈谋说："我想到了一个成本最低且收益最高的具体行动方案。"

陆媛媛问："什么方案？"

陈谋笑着说："那就是多跟大师姐出门散步。"

李呦呦也笑了起来，说："好。第三步是在对比中找出最优方案。假设我们一起出门散步就算是一个好方案吧。第四步是在执行中优化方案。这个也等到我们具体执行的时候，我再跟你们说吧。现在再来看我提出的策略类问题，我们应该怎么做才能做好逍遥学派的散步时间这个播客节目？"

陆媛媛说："第一步是明确目标和现状之间的差异。我们的目标是什么？现状是什么？"

李呦呦说：**"最好把目标具体化，甚至可以量化。**比如，我们可以争取在 3 个月内，让播客订阅者的数量上升到 1000 人，而且每一期播客节目的好评率不低于 95%。我们的现状是，目前只有不到 160 个人订阅我们的播客，评价者的数量也不够，系统不显示好评率。"

陈谋问："那我们继续第二步，寻找能缩短目标和现状之间差距的行动方案。你们觉得，有哪些行动方案？"

陆媛媛说："我可以向同学们推荐咱们的播客，让大家都来订阅。"

陈谋说:"我们是不是可以上街发送传单,宣传一下我们的播客节目?反正是免费的,大家应该会很乐意订阅。"

李呦呦说:"一般来说,播客节目的订阅增长,主要靠订阅者的口口相传。一传十,十传百。所以,我们首先要做的是提升节目的质量,让大家愿意将播客节目推荐给自己的朋友,尤其是 KOL 的推荐。"

陆媛媛问:"KOL 是什么?"

李呦呦说:"KOL 是一个传播学概念,是英文 Key Opinion Leader 的缩写。中文翻译是关键意见领袖。总之就是对别人有较大影响力的人。"

陈谋问:"KOL 就是网红,是吗?"

李呦呦摇摇头,说:"网络红人和意见领袖这两个语词的外延还是不同的。网络红人是指在网络上有许多关注者的人。他们可能对别人有较大影响力,但也可能没有。而意见领袖之所以是意见领袖,通常是因为他在某个领域具备远超普通人的专业知识,或者他为人正直、待人真诚,这导致其他人都十分信任他,在做出决策和选择时会经常咨询他的意见。意见领袖不一定是网络红人。每个集体中都可能有意见领袖。团子你们班里或者社团里有没有那种影响力比较大的同学?"

陆媛媛说:"我们辩论社的社长和副社长的影响力就比别人要大一些。"

李呦呦说:"他们也可以算作意见领袖。总之,意见领袖比普通人的影响力更大,他们的推荐或反对,比普通人的推荐或反对,作用会更明显。"

陈谋问:"那要怎么做才能获得意见领袖的推荐呢?"

李呦呦说:"如果是我们的话,那肯定是要凭实力把节目质量做好。这样人家了解到我们的节目后,自然会推荐我们的节目。不过,有些意见领袖会收钱推荐一些产品。一些产品的生产商或销售商会花钱请他们推荐自家的产品。但我们不应该这么做。"

陆嫒嫒问:"为什么不应该?"

李呦呦说:"举个例子,假设陈谋非常了解口红这种化妆品,因为他经常给别人推荐合适的口红,所以别人也十分信任他,经常在购买口红前咨询他的意见。总之,陈谋成了口红领域的意见领袖。而团子你在陈谋的影响下,购买到了非常适合你的口红。"

陈谋说:"我完全不懂口红,也许可以换成电脑硬件领域。我的电脑都是自己组装的,我还算比较懂电脑硬件。"

李呦呦说:"具体哪个领域不重要,先假定你懂口红好了。再假设我是一家口红生产商。我生产的口红虽然不差,但没有达到陈谋心目中最值得推荐的那几款的水平。不过,我给了陈谋一笔钱,让他向大家推荐一下我生产的口红。而团子你听了陈谋的推荐,也就去买了那款口红。你觉得那款口红也不错,但还达不到非常好的水平。"

陆嫒嫒说:"我和二师兄一样,完全不懂口红。我不用口红。"

李呦呦说:"假定你用吧。总之,陈谋的所作所为,算是背叛了团子你对他的信任。虽然你没有什么大的损失。但如果类似的案例多了,陈谋可能就会失去别人对他的信任，他也就不再是这个领域的意见领袖了。这种不信任甚至还会扩散到别的领域。比如，假设陈谋后来又想要成为电脑硬件领域的意见领袖，但即便这次你没有收任何生产商或者销售商的钱来做推广，但别人因为你的历史污点，也不再愿意相信你在这个新领域的推荐了。"

陈谋说："会这么严重吗？我在网上经常看到一些网红给各种商品打广告，别人都知道那是商家花钱请他们打广告的，但还是依旧信任那些网红，愿意买那些商品。"

李呦呦说："这要具体问题具体分析。如果网红只是说，自己喜欢那个商品，推荐大家也来购买，那么这位网红的关注者可能因为爱屋及乌，也去购买那种商品。这其中没有产生什么欺骗。网红没有说假命题。但如果网红说，那个商品是同类商品中最好的，推荐大家也来购买，结果大家买了以后，发现那个商品并不是最好的。此时，那个网红说的就是假命题。"

陆媛媛说："说假命题是一件很糟糕的事情吗？"

李呦呦说："如果说话人提前知道那是假命题，却依然要说，那么说话人就是在欺骗别人。如果说话人并不知道那是假命题，误把它当作真命题说出来，那说话人就是在误导别人。这同时也说明，说话人可能没有能力或者动力区分假命题和真命题。总之，说出假命题的人，算是某种程度的非蠢即坏，不太值得信任。"

陈谋觉得李呦呦言过其实了，他说："这太夸张了吧。每个人都有说出假命题的时候，难道每个人都非蠢即坏？"

李呦呦十分肯定地说："是这样的。包括我自己在内，也是某种程度的非蠢即坏的人。我不会去故意骗人，所以我不是坏人，而是蠢人。因为我是蠢人，所以我才要不断学习，降低自己的愚蠢程度。毕竟，'愚蠢'这个语词也是模糊的，它没有精确的分界线。假设我现在的愚蠢程度是 20 分，那我会尽力将它降低到 5 分以下。"

陆媛媛说："如果大师姐的愚蠢程度是 20 分，那我估计有 80 分了，我也要尽力把它降低到 5 分以下。"

李呦呦说：**"所以我们才要终身学习。就算不为了变得更聪明，至少也要为了不变得更愚蠢而努力。"**

陆媛媛说："好，努力！"

李呦呦说："说回正题。回答策略类问题的第二步是寻找缩小差距的可选方案。我们已经找到了一些。第三步是在对比中找出最优方案。你们觉得哪个方案是最优的？"

陈谋说："我觉得这些方案的成本都不高，而且也没有互相排斥。我们可以同时执行多个方案。总之，我们要把播客的内容质量提升上去，然后推荐给朋友们，再让朋友推荐给他们的朋友们。"

李呦呦说："没错。我们不用太着急，可以在执行的过程中不断优化。等订阅者数量够多了，我们还可以从他们那里获得反馈，问问他们觉得哪些内容是他们觉得有趣或有用的。"

陆媛媛说:"有趣或有用。小鹿姐姐你之前说要修改草稿的时候,也是要往这两个方向上修改。"

李呦呦说:"是的。因为我认为,**一切价值都可以归入审美价值和实用价值这两类。审美价值就是有趣,实用价值就是有用。**"

陆媛媛问:"为什么一切价值都可以归到这两类当中啊?"

李呦呦说:"我们上次说了,价值来源于人类的爱。人类爱某个东西,想要某个东西,可能是因为这个东西能带来别的好东西,还可能是因为这个东西本身就是好东西。比如,我想要金钱,这是因为金钱能给我带来别的好东西,比如可乐。而我想要可乐,是因为可乐本身就是好东西,它很好喝。可乐的价值对我来说就是审美价值。"

陈谋说:"我们一般说的审美价值,好像是说一幅画、一座雕塑这样的艺术品才有的价值。可乐也有审美价值吗?"

李呦呦说:"我这里说的审美价值是广义的,泛指一切美好的体验。美食、美景、美妙动听的音乐甚至摸起来很舒服的丝绸,只要它们能带给我们感官上的美好体验,它们就都有审美价值。如果一道数学题能给你带来美好的思考体验,那这道数学题对你来说也有审美价值。"

陈谋说:"这么说来,电子游戏对我来说有很高的审美价值。"

李呦呦说:"没错。如果一个东西不能直接带来审美价值,但能给我们带来有审美价值的东西,那么它就算是有实用价值。也许可乐瓶没什么审美价值,但它能装可乐,那就算是有实用价值。"

199

审美价值就是有趣，
实用价值就是有用。
为什么一切价值都可以归到审美价值和实用价值这两类当中啊？
价值来源于人类的爱。人类爱某个东西，想要某个东西，可能是因为这个东西能带来别的好东西（实用），还可能是因为这个东西本身就是好东西（有趣）。

陆媛媛说:"万一有人喜欢收藏可乐瓶,但不喜欢喝可乐呢?"

李呦呦说:"对于这些人来说,可乐瓶就是有审美价值,而可乐没有。"

陈谋说:"那一个人对于另一个人来说,会不会也有审美价值或实用价值?"

李呦呦说:"也会啊。和你们相处,我觉得很开心。我享受和你们在一起的过程。因此,对我来说,你们就有审美价值。你们还能在我的工作上帮到我,这就算是实用价值。"

陆媛媛说:"会不会有人对你来说毫无价值,既没有审美价值也没有实用价值?"

李呦呦说:"也许会。不过,康德认为,每个人都有无法相互比较的尊严价值。国王的尊严价值也不会比乞丐更高。所以,即便有人对你来说毫无价值,你也要尊重那个人的尊严价值。具体来说,就是不去侵害那个人的各种基本权利,比如生命权、财产权、受教育权、劳动权、言论自由权、婚姻自由权等权利。"

陈谋说:"我们可以尊重别人的尊严价值,不去侵害别人的权利,但别人可不一定会这么对我们。"

李呦呦说:"'别人'这个词算是有歧义的。它可以泛指除你之外的所有人,也可以指这些人中的一部分人。显然,不是所有'别人'都会侵害你的权利,只有一部分'别人'会这么做。我们要做的就是提防这些人,远离这些人,不要和他们生活在一起。从长远来看,这种侵害他人权利的坏人，其实是不会有好下场的。"

陆媛媛说："正义从不缺席，只会迟到。"

李呦呦说："这句话很有趣，你觉得它的真值条件是什么？"

陆媛媛想了想，说："大概就是善有善报，恶有恶报，就算一时半会儿没有报，晚点也会报。"

李呦呦说："那你觉得，这个真值条件被满足了吗？这句话是真命题吗？"

陈谋说："并没有。有些人做了很多善事，但并没有善报。而有些人做了很多恶，却也没有恶报。"

李呦呦说："所以，如果把这话当作事实类的命题，那这话实际上是假命题。我觉得要这么说才对，正义不应该迟到，更不应该缺席。这样一来，它就成了价值类的命题，表示迟到的正义总比没有正义更好，但及时的正义也是非常重要的。"

陆媛媛问："怎样才能让正义既不迟到，也不缺席呢？"

李呦呦说："这就是个策略类问题了。我们要看现状是什么样，目标具体是什么，两者之间的差异是什么。有哪些方案能缩小这个差异。哪种方案是最优方案。并且还要在执行中优化方案。策略类问题讲究具体问题具体分析。这个策略类问题太宏大，太抽象，一点都不具体，所以不好回答。"

陆媛媛说："我大概明白怎么回答策略类问题了。这类问题果然比其他几类都更加复杂。好像需要学习很多知识，才能回答好策略类问题。"

李呦呦说："是的。**不同领域的策略类问题需要具备不同领域的知识才能给出明智的回答。如果我们自己不是具备专业知识的专业人士，那就要积极向专业人士请教。**"

陈谋问："就算我们能找到专业人士，人家也不一定愿意教我们。"

李呦呦说："有时候我们可以花钱向专业人士请教。假设我的电脑出了故障，我就会提出一个策略类问题：怎么做才能修好电脑？如果我不具备修电脑的专业知识，那就可以花钱请专业的修理人员来帮我修理。"

陈谋说："如果故障不严重，我就可以帮你修理。"

李呦呦说："是的。有时候我们不花钱就能向专业人士请教。因为这些专业人士就是我们的亲朋好友。他们会很乐意帮我们解决他们力所能及的问题。毕竟，我们也会很乐意帮他们。"

陆媛媛说："果然，只要多和大师姐一起散步，就能解决各种各样的问题。"

李呦呦笑着说："那现在我们就可以收拾一下东西，准备出门散步了。今天的逍遥学派的散步时间就到这里了。我们下一期的主题还没有定下来。我是李呦呦。"

陈谋说："我是陈谋。"

陆媛媛说:"我是陆媛媛。"

三人异口同声说:"我们下期再见。"

三人录制完播客后,一起出门散步。陆媛媛带着两人去了商场,买了自己最喜欢的老婆饼。陈谋则用自己打游戏挣来的钱买了三大杯冻酸奶。三人从最近的轶闻趣事聊到附近的美食美景,从学习到工作再到恋爱,无话不谈。

李呦呦说:"你们觉得,我们下周六的散步时间,录制什么主题好呢?关于语义类问题、事实类问题、价值类问题和策略类问题,已经差不多都说清楚了。"

陈谋说:"我觉得还可以录一期反面教材集锦。我们已经知道了在利用论证来回答这四类问题时应该做一些什么,也许我还需要知道不应该做些什么。"

陆媛媛说:"没错。我们的老师就建议我们搞一个错题本,把自己考试做错的题目都记录下来。我们从错误案例中学到的东西不一定就比正确案例要少。"

李呦呦说:"那好,我们下一期就来讨论,在我们进行逻辑推理时,在我们说出或写出论证时,最常犯的那些错误。这些错误统称为逻辑谬误。"

第七章

错误与误导：
如何避免逻辑谬误？

辩题： 父母是否应该限制孩子使用电脑？

10月28日，星期五，下午

今天的辩论活动上，海方是最积极的一个。他拿出了一个大本子，就他的父母该不该限制他使用电脑这个辩题，本子上记录了整整四大页纸。

海方说："关于我爸妈为什么不让我用电脑，他们给出的理由特别多。"

武珊珊问："具体有哪些？"

海方翻开本子，说："首先，他们说，用电脑会影响我的学习成绩。他们说我初一上学期就是因为用电脑玩游戏，成绩下降了。但我说我初一下学期一样用电脑，成绩没有下降，反而上升了。但他们说，要是我不用的话，成绩会上升得更快。所以用电脑还是影响了我的学习成绩。"

林琴问:"所以,你初一的时候,他们还没有限制你用电脑。"

海方说:"是的。初二才开始限制的。我还跟他们说,班里别的同学可以用电脑。成绩最好的同学也在用电脑。但我爸妈说,别人是别人,我是我,不可以类比。我问他们为什么不能类比,他们就说人和人之间差异很大,不能随意类比。"

陆媛媛说:"那你为什么觉得可以类比?"

海方说:"因为我觉得我和别人差异不大,所以可以类比。除影响学习成绩之外,他们还说,网上有很多黄赌毒的东西,会影响我的身心健康。我说我用电脑就是玩玩游戏,看看电影和电视剧,听听音乐,偶尔也从网上了解一下新闻,根本不会去接触黄赌毒。但他们说,现在黄赌毒的东西很隐蔽,就像网络诈骗一样,我很容易不知不觉间就被影响了。"

陆媛媛说:"这么说来,他们限制你用电脑的出发点是为了你好。"

海方说:"我不怀疑他们的心是好的。他们还说,电脑屏幕有辐射,用久了脸上会长斑。而且,经常看着电脑屏幕,还会让我近视。他们觉得我现在之所以近视,就是因为以前用电脑导致的。我脸上的一点点斑,也是因为用电脑导致的。"

武珊珊问:"那你父母用不用电脑呢?他们脸上有没有斑?他们有没有近视?"

海方说:"这也正是我要说的。他们也在用电脑。我们一家就我一个近视,他们俩不近视。他们俩脸上也有一点点斑。但人人脸上都是有些小黑点或者小黄点的，算不得什么。他们说，成年人的抵抗力更强，可以抵御住辐射的伤害，所以经常用电脑也没事。他们还说，成年人视力比较稳定了，不容易近视。"

林琴说："这话听起来很虚伪。他们觉得电脑对身体有害，却又觉得自己可以用，好像这个害处是专门为了不让你用电脑而发明的。"

海方摇摇头，说："不是的。他们是真心觉得电脑有害。所以我爸妈用电脑的时间也不是很多。而且，他们都要在电脑桌前摆着仙人掌，用来防辐射。他们对着电脑屏幕的时候，还会用手机定时，每 45 分钟就要用温水简单洗一下脸。他们觉得这样就能减轻电脑屏幕的辐射对脸部的损害。"

武珊珊说："一般人主要是觉得路由器有辐射，他们怎么觉得电脑显示器有辐射？"

海方说："这我就不知道他们是从哪里听说的了。他们好像不觉得路由器有辐射。他们觉得电视机屏幕也有辐射，只是看电视时离得远，辐射就小了。他们限制我用电脑，还有一个原因。几年前，他们读了一本关于如何教育孩子的书。书上说要严格控制孩子上网的时间，最好让他们不要上网，要亲近大自然，要多运动，还要多读书。我说上网并不耽误读书和运动。但他们说，要是我心思都放在网上，就不会去读书和运动了。"

林琴说："那本书的作者的孩子，后来怎么样了？"

海方说："这也是我爸妈很信那本书的原因。他们说，那本书的作者就是这么教育孩子的，结果几个孩子都考进了名牌大学，都有很好的工作。"

陆媛媛说:"那你爸妈也对你期望很高了。他们也希望你能考进名牌大学,拥有好的工作吧?"

海方说:"是的。他们说,不让我用电脑,都是为了我好。他们自己小时候就没有用过电脑,而他们现在都很优秀。他们说,这至少意味着不用电脑不会耽误一个人的成长。他们甚至还认为,不让我用电脑很可能会促使我变得像他们一样优秀。"

陆媛媛说:"那你觉得呢?"

海方说:"我不觉得他们有多优秀,但我没有明说出来。我妈是律师,我爸是建筑设计师。但我对打官司和建筑设计都没有什么兴趣。而且,我也不觉得用不用电脑跟我将来选择什么职业有什么关系。这两者本来就毫无关系。他们硬要扯到一起。"

武珊珊说:"也许我们要调查一下,看看有多少父母会限制孩子用电脑,有多少父母不限制。"

海方说:"他们的朋友圈子里,也有很多人不让孩子用电脑。主要是我妈的朋友圈里有很多这样的人。我爸的朋友圈里也有一些。"

林琴说:"我的父母不会限制我用电脑,我之前也没有听说过有父母会这么做。你是我听到的第一个。"

海方说:"你的运气真好。我爸妈还反复提到一个反面教材,那就是我的一个表哥。他当初沉迷于玩电脑,后来高中没读完就辍学了,现在连一份正经工作都没有。他还被送到过那种封闭式的戒除网瘾的机构中,好像去过四五次,每次都是刚出来那会儿好了一点点,后来又网瘾复发了。听他们说,网瘾发作的时候,就跟毒瘾发作时差不多,会忍不住砸家里的东西。"

陆媛媛说:"那你觉得你有网瘾吗?"

海方说:"说真的,我觉得根本就没有网瘾这回事。我怀疑网瘾就是戒除网瘾的机构发明出来的新概念。他们发明了这个新概念之后,就好赚那些家长的钱。听说,这种戒除网瘾的治疗很贵的。"

武珊珊说:"我觉得更可能是先有了网瘾这个概念,后来有人发现戒除网瘾是个有利可图的生意,就成立起了这样的机构。"

陆媛媛拿起手机上网查了查,说:"网瘾这个概念好像确实有争议。有些人觉得不存在网瘾这回事,也许存在电子游戏成瘾、网络赌博成瘾,但单纯上网时间长,觉得自己很想要上网,这不算成瘾。"

林琴说:"我觉得陆媛媛说得很有道理。如果有一个人很想学习、交友、看电影、听音乐,难道这个人就是有学习瘾、交友瘾、电影瘾、音乐瘾?"

武珊珊也用手机查了查,说:"我们国家就有一个'网络成瘾临床诊断标准',我们可以先看看这个标准的内容是什么。"

海方说:"不用看我就知道,我肯定算不上网瘾。"

武珊珊说:"总之,我们现在已经听你说了很多你父母反对你用电脑的理由。接下来我们要做两件事情。第一,我们要想想这些反对你使用

第七章 错误与误导：如何避免逻辑谬误？

电脑的理由是否合理。第二，我们要想想有没有什么好的理由能支持你使用电脑。"

四人就这个辩题讨论了许久，直到放学时间到了，还意犹未尽。正当大家准备收拾书包回家时，陆媛媛突然想到，还没有决定下周五的辩题。于是，武珊珊就用随机抽取辩题的软件，抽出了"超人的存在对于社会是利大于弊还是弊大于利？"这个辩题。

10月29日，星期六，早晨

又到了周六，逍遥学派的三位传人聚集在陆媛媛家吃了早饭，就来到大师姐李呦呦的房里，开始录制播客。

李呦呦说："欢迎来到第六期的逍遥学派的散步时间，我是大师姐李呦呦。"

陈谋说："我是二师兄，陈谋。"

陆媛媛说："我是小师妹，陆媛媛。"

李呦呦说："在前五期的节目中，我们讨论了如何正确地思考问题，如何给出正确的论证来支持最合理的答案。而在这一期节目里，我们要讨论如何错误地思考和推理。这一期的主题叫作逻辑谬误。"

陈谋已经猜到李呦呦希望自己配合问什么问题了，他立刻问道："逻辑谬误是什么？"

李呦呦也知道陈谋是故意问这个问题，她对着话筒说："看来二师弟你和小师妹一样，都养成了先问语义类问题的好习惯。**逻辑谬误是一些错误的推理方式。因为推理是一种思维活动，所以我们也可以说逻辑谬误是错误的思维方式。当我们把这种错误的思维方式说出来或写下来，那就形成了错误的论证。**"

陆媛媛问："那什么是错误的论证？"

李呦呦说："你还记得论证是什么吗？"

陆媛媛说："论证是一座积木塔，塔尖那块积木是结论，其他积木是理由，用来支撑塔尖的结论。"

李呦呦说："没错。论证就是由结论和理由组成的命题组。你们还记得什么样的论证是好的论证吗？"

陈谋说："好的论证就是具备可靠性的论证。具备可靠性需要满足两个条件，一个是理由真实性，另一个是论证有效性。"

李呦呦说："所以，不好的论证，它要么理由是不真实的，不可接受的，要么就是论证过程是无效的。"

陆媛媛说："理由真实性我还记得，但论证有效性是什么？我好像没有记牢。"

李呦呦说："论证有效性是说，如果理由都是真实的，那么结论也是真实的。而无效的论证就是，即便理由是真实的，结论也不一定是真实的。"

陆媛媛问："能不能举几个无效论证的例子？"

李呦呦说:"先不用急。今天我们会聊到很多无效论证的例子。一些无效论证非常有名,它们甚至有了自己的名字。我们今天会重点讨论 13 个很有名的逻辑谬误。不过,逻辑谬误可不止这 13 个,说得上名字的也许都有上百个,还有更多说不上名字的。"

陈谋说:"逻辑谬误听起来就像一大类生物。有些已经被人类取了名字,还有些则没有取名字。"

李呦呦说:"你可以把逻辑谬误类比成寄生虫。它们可以寄生在人类的脑子里,导致人类做出错误的推理。"

陆媛媛想到虫子就觉得恶心,她说:"脑子里的寄生虫!好可怕。"

李呦呦说:"这是一个比喻。我们人体的肠道中就有很多寄生的细菌,它们对我们人类是有益的,可以帮助我们消化食物。"

陈谋说:"这样就不能用'寄生'这个词,要用'共生'。'寄生'这个词,特指宿主受损而寄生物获益的情况。人体肠道中的益生菌和人体是互利共生的关系。"

李呦呦说:"你说得对。应该用共生而不是寄生。**我们脑中可能寄生着一些糟糕的思想,还有可能共生着一些好的思想。一个有智慧的人,要能够学会区分这两类思想。**"

陆媛媛在心里默默地说:"我要成为这种有智慧的人。"

李呦呦接着说:"那我们先来看看这 13 种逻辑谬误的名字。首先是两种和语词定义有关系的逻辑谬误——划界谬误;真正的苏格兰人谬误。然后就是五种名字都以'诉诸'开头的逻辑谬误——诉诸权威；诉诸品格；诉诸动机；诉诸大众；诉诸情绪。还有日常生活中很常见的六种谬误——不当类比；滑坡谬误；因果谬误；以偏概全；非黑即白；复合问题。"

陆媛媛说："光这13个逻辑谬误的名字我都记不住，更不用说几百个了。"

李呦呦自信地说："不用担心。虽说正确的推理都是相似的，错误的推理则各有各的错误。但是嘛，只要你掌握了正确的思考方式，学会了正确的推理和论证方式，那你也不需要去理会那些错误具体叫什么名字。只要你能指出它究竟哪里错了，那就够了。"

陈谋说："那我们开始吧。"

李呦呦说："好的。首先是**划界谬误**，它的形式大致是这样的——

> 1. 如果某一个语词是模糊的，无法划分出精确的分界线，那么这个语词的外延就不存在。
>
> 2. X 这个语词是模糊的。比如，秃头、好人、富人、美人这些语词都是模糊的。
>
> 因此，3. X 其实不存在。秃头、好人、富人、美人其实不存在。

我曾经听别人说，这个世界上不存在有毒物质。因为无法精确划分出有毒物质和无毒物质之间的分界线。有一个拉丁语的谚语是 sola dosis facit venenum，它的意思是说，任何物质只要达到一定剂量，都可能对某些生物产生有害影响。也就是汉语里说的，抛开剂量谈毒性就是耍流氓。"

陈谋在大学时读的是医学专业，同学们就经常引用这句话。他说："抛开剂量谈毒性就是耍流氓，这个结论没错啊。"

李呦呦说："这个结论是合理的，它可以指导我们在谈论物质的毒性时不要忘了说明剂量大小，以便明确语句的真值条件。我说的是'世界上不存在有毒物质'这个结论是错的。不能因为我们无法精确划分有毒和无毒，就认为不存在有毒或无毒的物质。同理，不能因为我们无法精确区分好人和非好人，就认为这个世界上没有好人。"

陆媛媛说："我明白了。**不能因为难以找到区分的标准，就说根本没有区分。**那真正的苏格兰人谬误是什么？"

李呦呦说："举个例子。假设我说，优秀的人都要学会化妆。而你说，陈谋就很优秀，但他不会化妆。于是我便说，陈谋不是真正的优秀的人。这个时候，我就是犯了真正的苏格兰人谬误。"

陆媛媛问："这个谬误为什么要叫这个奇怪的名字啊？"

李呦呦说："它原本提到的案例是关于某个苏格兰人的。苏格兰的一些人不喜欢隔壁国家的英格兰人。有一天，一个苏格兰人在报纸上看到某个英格兰人犯下了连环杀人案。于是这个苏格兰人说,苏格兰人是不会干出这种坏事的。第二天,这个苏格兰人又在报纸上看到某个苏格兰人犯下了连环杀人案。你猜猜,这个苏格兰人会怎么说?"

陆媛媛说:"这个苏格兰人会说,自己搞错了,其实一些苏格兰人也有可能干出这种坏事。"

陈谋觉得陆媛媛还是太天真了,他说:"不是的。这个苏格兰人会说,真正的苏格兰人不会干出这种坏事。那个杀人的苏格兰人不是真正的苏格兰人。"

陆媛媛说:"我懂了。我偶尔在网上看到有人说,中国人都要转发这条帖子。如果我没有转发的话,那我就会被那人说成不是真正的中国人了。"

李呦呦说:"没错。假设有人说,宠物狗是不咬人的。结果某个地方发生了宠物狗咬人的事件,这个人就可以说,真正的宠物狗是不咬人的。**总之,我们要格外警惕'真正的'这个词。这个词通常不会让语句的真值条件变得更明确,反而会让真值条件变得更不明确。**"

陆媛媛说:"'真正的'这个词还挺常见的。真正的善良、真正的智慧、真正的幸福、真正的中国人、真正的好女孩、真正的好学生、真正的财富、真正的健康……"

陈谋似乎见多了这类语言伎俩,他说:"如果有人跟你说真正的健康是什么样的,那么这个人很可能是想说你现在还不是真正健康,然后给你推销一大堆所谓的保健品。"

陆媛媛说:"我会小心的。我可不是那么好骗的。"

陈谋说:"骗子的骗术会越来越高明的。"

陆媛媛说:"我也会越来越聪明的。"

李呦呦说:"我们再继续来看5种名字以'诉诸'开头的逻辑谬误。先来看诉诸权威,它的形式大致是这样的——

> 1. 某个人是一个权威人物。
>
> 2. 这个人说了某番话。
>
> 因此,3. 我们应该相信这番话。

这是最常见的逻辑谬误之一。"

陆媛媛说:"我们难道不应该相信权威人物说的话吗?"

李呦呦说:"你们还记得那个很长的证言可信度论证吗?"

陈谋翻了翻笔记本,说:"第一个理由是,如果一个人说了P,且此人的感知觉过程没有差错,此人没有记错,此人具备一定知识和经验,此人没有做出不可靠的推理,此人没有说谎的动机,此人没有遭到蒙蔽,目前没有其他可靠的人说出与P不一致的事实类命题,那么P就是一个可信的事实类命题。"

李呦呦说："没错。要让我们相信某人说的话，需要满足很多条件才行。权威只是具备很多知识和经验的人。但权威可能看错、记错、做出错误推理、故意说谎骗我们、被其他人蒙蔽。而且，不同的权威可能有不一致的看法。所以，我们不能仅仅因为某个权威说了某番话，就相信那番话。"

陆媛媛说："我想到了昨天下午听同学说到的一个论证——

> 1. 某本教育方面的书的作者是个权威人物。
>
> 2. 这个作者在书里说，要限制孩子用电脑上网。
>
> 因此，3. 我们应该相信'应该限制孩子用电脑上网'这个结论。

这看起来也有点像诉诸权威的逻辑谬误。"

李呦呦说："是的。我们要怎么去验证这个论证是不是逻辑谬误呢？"

陈谋说："我们首先要去了解一下那个作者和那本书，先确保那个作者真的说了这番话。然后再去确保那个作者真的是教育学方面的权威，具备许多教育方面的知识和经验。"

陆媛媛跟着说："我们还要去调查，看看那个作者有没有看错、记错、推理错、故意说谎、被别人误导。"

李呦呦说:"你们说得对。我们还要去了解其他教育学方面的权威,看看别的权威是否也支持'应该限制孩子用电脑上网'这个结论。假设某个结论在专业人士当中也有很大的争议,我们这些欠缺专业知识的外行人就更不应该轻易相信争议当中的任何一方了。"

陈谋想到了一个问题,他问:"呦呦姐,如果诉诸权威是一个逻辑谬误,那为什么还有这么多人在使用这个逻辑谬误,还有很多人相信这个逻辑谬误呢?"

李呦呦说:"诉诸权威其实并不总是错误的。有些时候,那个权威说的话的确是值得信任的。我们去医院看病,这是因为我们相信医生是医学方面的权威。我们去咨询律师,这是因为我们相信律师对于法律的了解比普通人更深入。你们俩想要学习逻辑学时,可能会来找我,这是因为你们俩相信我在逻辑学这个领域里比你们更加专业。寻找专业人士的帮助,这是个好习惯。**但我们不能仅仅因为某个人是个专业人士,就无条件地相信这个人说的所有话**。算命先生也算是算命领域的专业人士,难道我们真的能相信算命先生的话吗?"

陆媛媛问:"那如何区分合理的诉诸权威和不合理的诉诸权威呢?"

李呦呦说:"没有简单的区分办法。我们需要去动手去调查,看看那个权威说的话是否符合证言可信度论证中提到的全部条件。不过,你不需要每次都做出这种调查。一旦你发现某个医生、教师、律师、工程师、科学家是值得信任的专家,那么你就可以一直信任这些专家说的

第七章 错误与误导：如何避免逻辑谬误？

话,除非这些专家开始令你失望。而且,当你自己也成为某个领域的专业人士后,你就更容易辨别某个人是真专家还是假冒专家了。"

陈谋说:"我明白了。看来还是要提升自己的知识储备。"

李呦呦说:"关于诉诸权威这个逻辑谬误,我们还要注意一点。它可能有另一个相反的形式——

> 1. 某个人不是一个权威人物。
> 2. 这个人说了某番话。
> ——————————————
> 因此,3. 我们不应该相信这番话。

我们不能因为某人是权威就无条件相信这人说的话,我们也不能因为某人不是权威就无条件反对这人说的话。"

陈谋说:"网上有很多这种形式的逻辑谬误。比如,你行你上,你不行就闭嘴。这样的说法就是在说,你不够好,你的知识和经验不够多,因此你说的话是不对的,你就不要说话。"

李呦呦说:"没错。我们要学会对事不对人。你说的这种逻辑谬误就是对人不对事。用这种逻辑谬误的人,试图通过解决某个给出论证的人,来解决那人给出的论证。但实际上,**一个论证是否是好的论证,与说出或者写出论证的人实际上没有必然联系**。不管是智者还是愚者,善人还是恶人,他们都有可能给出好的或者糟糕的论证。所以我们才要学会分析和评价论证,而不是去分析和评价那个给出论证的人。"

陆媛媛问:"那为什么人们经常对人不对事,而不是对事不对人呢?"

李呦呦说:"因为**对事不对人需要你有关于那个事的专业知识**。大多数人不具备关于某个事的专业知识和详细信息。大多数人能看出某个医生长得如何,说话声音好不好听,名号响亮不响亮。大多数人也知道如何以善意或恶意揣测别人的动机。但大多数人不懂医学,不了解某个病人的病情,不具备分析和评价医学方面的论证的能力。所以,大多数人只能以对人不对事的方式来思考,做不到对事不对人。这也告诫我们,要努力学习,成为某个领域的专业人士,从而具备对事不对人的能力。"

陆媛媛说:"好的。我一定会努力学习的。"

李呦呦说:"那我们继续来看诉诸品格和诉诸动机这两个逻辑谬误。诉诸品格大致是这样的——

> 1. 某个人具备许多好的品格。比如,这个人是一个勇敢、正直、善良、真诚的人。
>
> 2. 这个人说了某番话。
>
> 因此,3. 我们应该相信这番话。

它还有一种形式是这样的——

> 1. 某个人有很多糟糕的品质。比如，这个人是一个懦弱、邪恶、虚伪、贪婪的人。
>
> 2. 这个人说了某番话。
>
> 因此，3. 我们不应该相信这番话。

诉诸动机也有两种形式，一种是这样的——

> 1. 某个人怀着善意的动机说了某番话。比如你爸妈是为了你好才给你提供他们的建议。
>
> 因此，2. 你应该相信这番话，相信那番建议。

还有一种是这样的——

> 1. 某个人怀着恶意的动机说了某番话。比如某人因为嫉妒你而说了关于你的某番话。
>
> 因此，2. 你不应该相信那番话。

你们能不能给这四种逻辑谬误各找一个案例？"

陆媛媛说:"我昨天听同学海方提到了一个案例——

> 1. 海方的父母是为了海方好才限制海方使用电脑。
> ——————————————————
> 因此,2. 限制海方使用电脑是个好主意。

不过,海方的父母还给出了很多别的理由来反对海方用电脑。他们不单单只是诉诸动机。"

陈谋说:"我想到几个诉诸恶意动机的例子——

> 1. 张三因为嫉妒李四的财富而去举报李四偷税漏税。
> ——————————————————
> 因此,2. 李四并没有偷税漏税。

还有个关于职业打假人的例子——

> 1. 张三是个职业打假人,他说某某商品有质量问题,目的是向商家索取赔偿,为自己谋利。
> ——————————————————
> 因此,2. 那个商品没有质量问题。

这两个论证都是逻辑谬误。不能因为说话人怀着某种不好的动机说出某个命题,就说那个命题不是真命题。"

陆媛媛说:"我还想到了一个诉诸品格的例子——

> 1. 孔子是万世师表,是大圣人。
>
> 2. 孔子说了,学而时习之,不亦说乎?
>
> 因此,3. 我们要经常复习我们学到的知识和技能。

这个例子算是根据说话人的优秀品格来支持说话人说出的结论吧?"

陈谋说:"'学而时习之'这个结论应该是可取的。"

陆媛媛说:"我知道这个结论是对的。但如果仅仅依据说话人的优秀品格来作为理由,支持说话人说出的某个结论,那么整个论证就是无效的,就算是逻辑谬误。对吧?"

李呦呦满意地点点头,说:"没错。小师妹你算是理解了逻辑谬误的精髓。逻辑谬误是一种不好的论证。一个不好的论证也可以有正确的结论。我举个例子——

> 1. 张三是一个好逸恶劳的懒人,他有着诸多恶习,还不听别人的劝告。

> 2. 张三说，抽烟喝酒对身体健康没有影响，赌博是致富之路。
>
> 因此，3. 抽烟喝酒对身体健康是有影响的，赌博不是致富之路。

这个论证的结论是对的，抽烟喝酒的确对身体不好，赌博也肯定不是致富之路。但整个论证依旧是逻辑谬误。因为我们不能根据一个人的糟糕品格就推理出这人说的话是错误的。"

陈谋说："这算人身攻击吧？"

陆媛媛："人身攻击？听起来像是打人。"

李呦呦说："'人身攻击'这个词的意思不是击打某个人的身体。如果 A 对 B 进行了人身攻击，那么 A 就是根据 B 的一些缺点，比如 B 知识和经验不足、B 有一些陋习、B 的动机偏恶意，推理出 B 说的话是错误的。A 同时还会号召在场的其他人也不要相信 B 说的话。"

陈谋无奈地说："许多人还真的会响应 A 的号召，因为他们不知道人身攻击是一种逻辑谬误。我听到过一个有趣的说法，'人数过万，智商减半'。好像一个人独处时还知道如何独立思考，一旦加入某个群体之中，就变成乌合之众了。"

李呦呦说："这就跟**诉诸大众**这个逻辑谬误有关系了，这种逻辑谬误的形式是这样的——

> 1. 有一大群人相信命题 P。
>
> 因此，2. 命题 P 是真的。

你们想想，为什么诉诸大众是一种逻辑谬误？"

陈谋立刻想到一个例子，说："在古代，几乎所有人都相信太阳绕着地球转。但这个理由无法支持'太阳绕着地球转'这个结论。在今天，大多数受过教育的人都相信地球绕着太阳转。这个理由也无法支持'地球绕着太阳转'这个命题。一个命题是否为真，和有多少人相信这个命题，没有必然联系。"

陆媛媛倒是想到了另一句话，说："不是有'群众的眼睛是雪亮的'这样的说法吗？"

李呦呦说："其实，大众的意见是有参考价值的。我在网上买衣服的时候，经常是按销量排序，选择销量最高的衣服。收到货以后，我发现衣服的质量就挺不错的，价格也很便宜。"

陈谋是个很擅长网购的人，说："呦呦姐，很多销量都是刷出来的，当不得真。"

李呦呦不像陈谋那么追根究底，说："反正东西也不贵，还省去我精挑细选的功夫了。总之，有时候你可以参考人群的行为，做出明智的判断。假设你去了一家陌生的商场，要去洗手间。洗手间的性别标识牌好像掉了，你无法看出哪边是男洗手间，哪边是女洗手间。此时，如果有几位女士从某个门里走出来，你就可以推理出，那个门后就是女洗手间。"

陆媛媛说："我大概明白了。大众的思想和行为可能有参考价值，但我们不能仅仅依据某个命题被很多人相信，或者很多人都在做某件事情，就推理出那个命题是真的，那个事情是值得做的。"

李呦呦说："没错。再来看**诉诸情绪**这个逻辑谬误。因为人类有很多不同的情绪，所以这个逻辑谬误也有很多具体表现形式——

> 1. 张三的遭遇真是令人同情，张三说的话让人听起来很愉快。
>
> 因此，2. 张三说的是对的，我们应该相信张三说的话。

> 1. 张三的言行真是令人愤怒，令人厌恶，令人恐惧。
>
> 因此，2. 张三的言行是错误的，我们不应该支持张三的言行。

总之，人类会因为积极的情绪或者消极的情绪而去做或者不做某事。但我们不能仅仅凭借情绪来决定命题的真假。你们能找到一些诉诸情绪的例子吗？"

陆嫒嫒摇摇头，说："我暂时想不到。"

李呦呦说："你想不到也是正常的。因为人们不太会明目张胆地使用诉诸情绪这个逻辑谬误，不太会赤裸裸地说，因为某人的话听起来让人很高兴，所以某人的话就是对的，也不会说某人的话听起来让人不高兴，所以某人的话就是错的。不过，许多人实际上就是这么做的。他们会跟着自己的感觉出发，去支持那些让自己开心的命题，反对那些让自己不开心的命题。"

陈谋说："我想到了一个例子。许多病人不愿意遵循医嘱，因为医生的医嘱让病人不开心了。医生要求病人改变饮食习惯和生活习惯，医生要求病人按时按量服药。病人不乐意改变自己，于是就可能反对医生的嘱咐。医生甚至还会告诉病人一些病人绝对不乐意听到的消息，比如病人得了某种无药可治的病。这些病人也不乐意相信医生的诊断。如果有江湖郎中骗病人，说只要吃了一颗丹药，就能药到病除。而这话让病人很高兴，于是病人就很乐意相信这个命题，很乐意购买那种丹药。"

李呦呦拍了拍陈谋的肩膀，说："这个例子非常好。有时候，信言不美，美言不信。但人们很难听从这个道理。"

陆嫒嫒说："这是什么道理啊？"

李呦呦看了看时间，说："这是《道德经》里的话。不过我们不要扯太远了。言归正传，接着来看 6 个很常见的逻辑谬误，首先是**不当类**

比，它的形式是这样的——

> 1. A 和 B 很相似。
>
> 2. A 有 X 特点。
> _____
> 因此，3. B 也有 X 特点。

小师妹，你能想到什么案例吗？"

陆媛媛说："我想到了，海方用了这样一个类比——

> 1. 海方和他的某个同学很相似。
>
> 2. 他的某个同学可以自由地使用电脑，其学习成绩没有因使用电脑而下降。
> _____
> 因此，3. 海方的学习成绩也不会因为用电脑而下降。

不过，我觉得这个类比不一定就是逻辑谬误，它可能是个合理的好论证。"

李呦呦说："**恰当的类比论证**的形式是这样的——

> 1. 如果 A 和 B 之间有足够多重要的相似之处，且两者之间的不相似之处不够多且不重要，那么 A 所具有的特点，B 也很可能具有。
>
> 2. A 和 B 之间有足够多重要的相似之处，且两者的不相似之处不够多且不重要。
>
> 3. A 有 X 特点。
>
> ―――――――――――――――――――
>
> 因此，4. B 也很可能有 X 特点。

不恰当的类比推理，也就是不当类比，多半是 2 这个理由不可信，少数情况下是 3 这个理由不可信，当然也可能是 2 和 3 都不可信。"

陈谋说："所以，要判断海方的类比是不当类比还是恰当类比，我们就要去调查海方和那个同学有哪些相似之处和不相似之处，还要调查这些相似之处和不相似之处是重要的还是不重要的。"

李呦呦说："是的。我们再来看**滑坡谬误**。"

陆媛媛说："我知道滑坡谬误，这个我印象很深刻。"

李呦呦说："哦？团子你有什么故事？"

陆媛媛说："在我读小学的时候，我爸曾经跟我说，你现在不好好学习，就上不了好初中。上不了好初中，就上不了好高中。上不了好高中，就上不了好大学。上不了好大学，就找不到好工作。找不到好工作，你就会穷困潦倒，一辈子就毁了。所以，你现在不好好学习，就会毁了自己的一生。"

李呦呦说："这是个很典型的滑坡谬误。"

陆媛媛说："是的。我妈就不同意我爸的说法。她就当着我爸的面对我说，你现在好好学习，就能上好初中。上了好初中，就能上好高中。上了好高中，就能上好大学。上了好大学，能找到好工作。找到好工作，就会过上富裕的生活，就会有美好的一生。因此，你现在好好学习，就能过上美好的一生。"

陈谋问："你妈应该不是认真的吧？"

陆媛媛说："没错，我妈是在说反话。她跟我爸说，这种说法是滑坡谬误。我当时还不知道滑坡谬误是什么。"

李呦呦说："你爸估计也知道那番话是错误的推理方式，是滑坡谬误。但他当时可能没有想到其他更好的话来劝你努力学习，所以才说了个滑坡谬误。"

陆媛媛想了想，说："有可能。反正'滑坡谬误'这个词，我算是忘不掉了。"

李呦呦说："那我们继续看另一个和滑坡谬误有点像的谬误，叫**因果谬误**。滑坡谬误其实就是说，A 可能导致 B，B 可能导致 C，C 又导致下一个事件，最终引发 Y 导致 Z。然后就得出结论，A 可能导致 Z。但实际上，A 导致 Z 的概率是很低很低的。这里极大地高估了 A 和 Z 之间的因果联系。而因果谬误也是用无效的论证得出关于因果关系的事实类命题。一种是这样——

> 1. A 事先发生，B 事随后发生了。
>
> 因此，2. A 事的发生造成了 B 事的发生。

还有一种是这样——

> 1. A 和 B 这两个变量之间是正相关或者负相关的。
>
> 因此，2. A 的增加或减少，造成了 B 的增加或减少。

你们能不能找到因果谬误的具体例子？"

陈谋想起教科书上的经典案例，他说："很多人相信板蓝根可以治疗感冒，他们是这么推理的——

> 1. 我吃了板蓝根，不久后，感冒就好了。
>
> 因此，2. 服用板蓝根导致了感冒痊愈。

还有一个很有趣的例子，说是一个人开车去超市买冰激凌，如果买的是香草口味的冰激凌，那么这人回到车上后，汽车就无法发动。但如果买的是别的口味的冰激凌，车子就可以发动。写成论证的样子就是——

> 1. 购买冰激凌的种类和汽车能否发动这两个变量是相关的。
>
> 因此，2. 购买香草味冰激凌，导致汽车无法发动。

还有一个例子——

> 1. 某个地区的冰激凌销量和该地区的溺水人数这两个变量是正相关的。冰激凌销量越多，溺水人数越多。
>
> 因此，2. 吃冰激凌导致溺水。

还有很多类似的例子。"

陆媛媛说："冰激凌和溺水这个例子我大概想明白了。应该是气温高了，导致更多人想吃冰激凌，也导致更多人下河游泳。更多人下河游泳，就有更多人溺水。所以，是气温这个第三变量导致冰激凌销量增加和溺水人数增加，并不是冰激凌销量增加导致溺水人数增加。不过，香草冰激凌导致汽车无法发动，这个例子我没有想明白。板蓝根那个例子，我也没有想明白。我小时候感冒时，也经常喝板蓝根颗粒冲剂。喝完以后，好像感冒确实就好了。"

陈谋说："你想，在你感冒好之前，你不仅仅吃了板蓝根，你还喝了热水，你吃了饭，睡了觉。既然你先吃饭、睡觉、喝热水，然后感冒就好了。这是否意味着，吃饭、睡觉、喝热水就能治疗感冒呢？"

陆媛媛摇摇头，说："应该不行吧。要吃药才能治疗感冒。"

陈谋说："其实，感冒就是病毒入侵上呼吸道导致的。不吃任何药，不做任何治疗，感冒通常也会在一周内痊愈。因为人体的免疫系统本来就会对抗那些入侵体内的病毒。下次你感冒之后，可以每天跳跳舞，过段时间感冒也会好。这难道能说明，跳舞也能治疗感冒？"

陆媛媛说："有道理。不能仅仅因为 A 事之后紧接着发生了 B 事，就认为 A 事导致了 B 事。可能不做 A 事，B 事也会发生。就像不能因为玩电脑之后成绩变差，就认为玩电脑导致成绩变差，说不定不玩电脑成绩也会变差。"

陈谋说："没错。要证明玩电脑导致成绩变差这个因果关系确实存在，还需要深入研究，不能仅仅凭借相关关系就断定有因果关系。"

陆媛媛说："那香草冰激凌是怎么回事？"

陈谋说："是这样的。那人不是开车去超市买冰激凌吗？因为香草冰激凌是当地人最喜欢的冰激凌，超市就把香草冰激凌摆在离收银台最近的位置，方便顾客购买。所以，顾客购买香草冰激凌花费的时间也最短。要想成功再发动汽车，需要引擎散去一些热量。如果你才下车没多久就回来，那么散热时间太短了，就无法成功发动汽车。但如果那人去买别的口味的冰激凌，就会花更长的时间，回到车上时，引擎已经散好热了，也就能成功发动了。"

陆媛媛说："这个案例真有趣。看来**要搞清楚因果关系，需要深入研究。不能仅仅观察到两个变量之间有相关关系，就认为两个变量之间有因果关系。**"

李呦呦说："是的。我们再看**以偏概全**，也就是用数量太少或者不具**代表性的样本的特征，来推理出总体的特征**。它的形式是这样的——

> 1. 某些东西具有 X 特征。
>
> 因此，2. 所有这类东西都有 X 特征。

你们能想到什么案例吗？"

陆媛媛说："我又想到海方说过的两个例子——

> 1. 海方的一个表哥是有网瘾的人，他因此而找不到工作。
>
> 因此，2. 所有沉迷于上网的人都找不到工作。

> 1. 某本教育类书籍作者的孩子被父母限制不能上网。这几个孩子上了名牌大学。
>
> 因此，2. 所有被父母限制不能上网的孩子都能上名牌大学。

不过，这两个案例也有点像是不当类比，而不是以偏概全。"

李呦呦说："不当类比和以偏概全这两个逻辑谬误的确是有关联的，你看这个论证——

> 1. 某些东西具有 X 特征。
>
> 因此，2. 所有这类东西都有 X 特征。

> 3. a 这一个体也是这类东西的一员。
>
> 因此，4. a 这一个体也有 X 特征。

如果省略中间的 2 和 3，只看 1 和 4，你就会发现，根据 1 推出 4 就是不当类比。"

陆媛媛问："类比可以是不当类比，也可以是恰当类比。以偏概全有没有可能在某些情况下是合理的呢？"

李呦呦说："**根据少数样本的特征来推理出总体的特征，有可能是合理的**。合理的论证形式是这样的——

> 1. 某些样本有 X 特征。
>
> 2. 这些样本能代表总体。
>
> ——————————————
>
> 因此，3. 总体也有 X 特征。

以偏概全这个逻辑谬误，往往是理由 2 不可接受。那些样本并不能代表总体。可能是样本数量太少了，也可能是抽样调查的过程有偏差。比如，你想调查我喜欢读什么领域的书，你就在这个书架上随意抽出 10 本，发现有 8 本数学书，2 本计算机科学的书。你想用这 10 本抽样的书来代表书架上的几千本书。这是行不通的。你想想这是为什么？"

陆媛媛想了想，说："一方面，这 10 本书的数量太少了，至少也要抽个几十本吧。另一方面，我们不能只从这一个书架上抽书，要从各个书架上抽书。这一个书架上可能恰好只是摆了更多数学和计算机科学方面的书。"

李呦呦说："是的，我还有些书没有摆在书架上，而是存在了电脑里。抽样调查时，也不能放过那些书。"

陆媛媛说："我明白了。要想不以偏概全，在抽样的时候就不能有偏差。我们要系统全面地抽样，这样就能以全概全了。"

陈谋说："是的。理论上要做到随机抽样，也就是总体中的每一个个体都有同样的可能性被选为样本。可以给呦呦姐的每一本书都编个号，然后随机摇号，摇出100本书。这100本书作为样本，应该能代表那几千本书组成的总体了。"

李呦呦说："我们再看下一个逻辑谬误，**非黑即白**，也叫**虚假两难**，它的形式大概这样的——

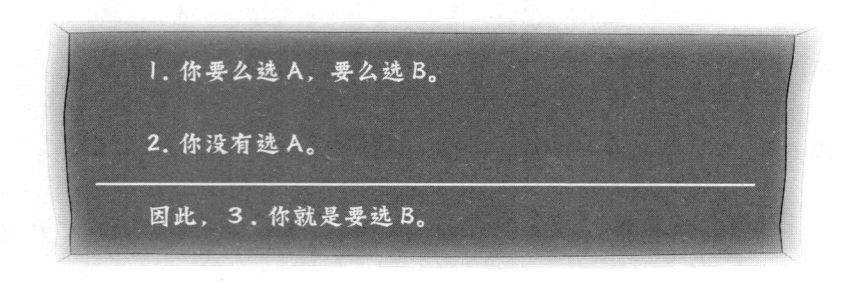

```
1. 你要么选A，要么选B。

2. 你没有选A。
_____
因此，3. 你就是要选B。
```

这个论证形式就是析取三段论，它本身没错。非黑即白这个逻辑谬误之所以不对，通常是1不对。在A和B之外，往往还有C、D、E、F等各种选项。在黑和白之间，还有大量灰色地带。你们能想到什么例子吗？"

陆媛媛说："这样的例子挺多的。比如甲和乙两国打仗了。别人会说，你要么支持甲，要么支持乙。你不支持甲，所以你就是支持乙。但我也可能不支持乙。我可能不关心甲乙两国的战争。我也可能觉得两方都有不对的地方，我都不支持。我还可能觉得两方都做得对，都支持。再比如说，一个人不是好人就是坏人，不是聪明人就是笨蛋。但实际上，一个人可以身处好人和坏人之间的灰色地带，也可能是不那么聪明也不那么笨的普通人。"

陈谋说："一听到这个非黑即白谬误我就来气。我最近打游戏的时候就遇到这么一个情况。那是一个五打五的比赛。我们这边有一个队友突然跟我说，让我要么听他指挥，要么就赶紧退，不要打这一局了。这就是一种虚假两难。除了这两种选择外，其实还有很多别的选择。"

陆媛媛好奇地问："还有哪些选择？"

陈谋说："也可以他听我指挥，我水平比他强多了。也可以大家各凭本事，不用互相指挥。还可以是他退出游戏，让别人加入进来。"

陆媛媛继续问："后来呢？你们打赢了没？"

陈谋摇摇头，说："没打赢。那个人水平太菜，但又没有自知之明，总是失误，还怪我们不配合他。我们其他四个人都受不了他，就把他踢出了这局游戏。结果我们只有四打五了。但我们这四个人发挥得都很不错，在四打五这种大劣势之下，差一点就赢了。对手那边的五个人也很佩服我们四个。"

李呦呦说："非黑即白这个逻辑谬误很常见。我们再来看复合问题这个逻辑谬误。假设我问你们，你离婚了吗？你孩子多大了？你戒烟了吗？你们怎么回答？"

陆媛媛说："我都没有结婚，更不可能离婚了。我也没有孩子。我本来就不抽烟，也就不需要戒烟。"

李呦呦说:"这就是复合问题。我们之前说过,语义类问题、事实类问题、价值类问题以及策略类问题是递进关系。策略类问题就是复合问题,它包含前三类问题。价值类问题也是复合问题,它包含前两类问题。很多事实类问题和语义类问题,也都是复合问题。**提问题的人本来应该把多个小问题拆开来问,但偏偏没有拆开,反而合在了一起,就成了复合问题。**"

陈谋说:"我想到了两个有趣的复合问题。第一个,一个没有见识的农民问,皇帝种地是用金锄头还是银锄头?第二个,一个衣食无忧的皇帝在大臣说某地闹了饥荒,百姓们吃不上米饭,只能吃树皮时,居然问,何不食肉糜?"

李呦呦说:"这个农民没有能力了解皇帝的生活,那个皇帝虽然有能力了解饥民的情况,但他没有多少动力去了解。因为没有能力或动力,他们两人都缺少见识。缺少见识,就会导致我们问出这种贻笑大方的复合问题。"

陆媛媛说:"逻辑谬误确实很有意思。大师姐,除了这13个逻辑谬误之外,还有哪些逻辑谬误啊?"

李呦呦笑着说:"你不是说这13个都记不住吗?还想知道更多?"

陆媛媛吐了吐舌头,说:"**无聊的知识再少也嫌多,有趣的知识再多也嫌少。**"

李呦呦轻轻捏了捏陆媛媛的小脸蛋,说:"说某个知识是有趣的或无聊的,这可不是事实类的命题,而是价值类的命题。价值类的命题是因人而异的。你觉得有趣的知识,别人可能觉得无聊。而你觉得无聊的知识,别人也可能觉得有趣。"

陆媛媛说:"知道了。大师姐再说说更多逻辑谬误嘛。"

李呦呦说:"有名的逻辑谬误还有很多,比如否定前件、肯定后件、完美主义谬误、稻草人谬误、红鲱鱼谬误、烟雾弹谬误、循环论证等。现在没空细说。我们出门散步时,我再跟你聊吧。"

陈谋问:"大多数人都记不住这么多逻辑谬误。有没有什么办法能让我们在不知道这些逻辑谬误名字的情况下,规避这些谬误?"

李呦呦说:"有一个简单好用的方法,那就是常常问这三个问题。1. 这些语句的真值条件明确吗? 2. 这些理由能支持这个结论吗? 3. 这些理由本身可信吗?"

陆媛媛说:"我懂了。逻辑谬误之所以是逻辑谬误,可能是因为语句没有明确的

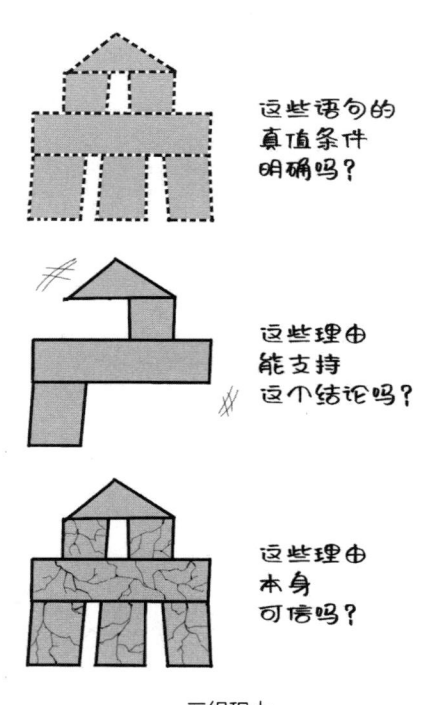

三组积木

真值条件，也可能是因为理由无法有效支持结论，还可能是因为理由的可信度太低。只要我们从这三个角度去检查某个论证，就能判断那个论证是不是逻辑谬误。"

李呦呦看了看时间，说："没错。小师妹你越来越聪明了哦。今天逍遥学派的散步时间就到这里了。我们下一期的主题还没有定下来。我是李呦呦。"

陈谋说："我是陈谋。"

陆媛媛说："我是陆媛媛。"

三人异口同声说："我们下期再见。"

第八章
辩论与探究：超人的存在对于社会是利大于弊还是弊大于利？

11月1日，星期二 晚上

陆媛媛今天早早写完了作业，就去隔壁找李呦呦玩。李呦呦正在和留学时的同学通话，因为说的是英语，陆媛媛只能听懂一小部分。看着李呦呦有说有笑的模样，陆媛媛心里想，小鹿姐姐好像很久没这么开心了。

等李呦呦挂了电话后，陆媛媛问道："小鹿姐姐，你觉得是在国外开心，还是在国内开心啊？"

李呦呦想了想，说："各有各的开心。但一定要比的话，还是国外更开心。"

陆媛媛说："为什么啊？是国外的生活条件更好吗？"

李呦呦摇摇头，说："跟生活条件没什么关系，主要是具体的人文环境。我之前没有对比，所以感触也不深。我过去一直在大学里，周围人可以算是世界上最优秀的大学生和大学教授，而这次回国以后，因为工作的事，和很多社会上的人接触后，才更明显地体会到人对人的偏见。"

陆媛媛问："什么偏见啊？"

李呦呦看着陆媛媛，叹了口气，说："有很多是关于性别的偏见。也许在挪威、冰岛这样的国家会好很多。在中国和美国，我们女孩过得更不容易。"

陆媛媛说："是这样吗？我怎么没感受到？"

李呦呦说："就拿我们两个人为例。你是个 16 岁的高中女孩，在你学习成绩不理想的时候，你爸妈有给你压力吗？"

陆媛媛回忆了一下，说："好像没有。"

李呦呦说："那假设你是个男孩，如果你学习成绩不好，你觉得你爸妈会说你吗？"

陆媛媛摇摇头，说："不知道。"

李呦呦说："大概率是会说的。这是因为，在中国，很多人觉得男性的任务是在社会上打拼，要赚钱养家。而女性的任务是相夫教子，能赚钱更好，赚不了钱也无所谓。因此，如果你是男孩，你爸妈很可能会对你在智力上有更高的要求。他们会希望你好好学习，拥有更多的知识，考上更好的大学，找一份高收入的工作。他们希望你能比大多数人都聪明，这样你才能做到别人做不到的高难度的任务。"

陆媛媛沉默了一会儿，说："有这个可能。"

李呦呦说:"我再问你,假设你现在变得邋里邋遢,长得很胖,完全不在乎自己的容貌,你爸妈会怎么做?"

陆嫒嫒说:"他们应该会说我吧。"

李呦呦说:"你看,他们很重视你的外表,却不会那么重视你是否聪明和理性。当然,这种偏见不是他们的错,是受到整个社会文化环境的影响。很多人都认为,女人的核心价值就是外表美丽,身材姣好,顺从丈夫,教养子女。至于那些高难度的脑力活,那些需要创造力的任务,那些领导职责,都应该交给男人。"

陆嫒嫒摇摇头,说:"应该不至于。我们学校就有很多女生的学习成绩比男生要好。"

李呦呦说:"我再说我自己的例子吧。在国外,至少在大学里面,别人评价我的标准和评价男性的标准是基本一致的。他们会看我是否聪明、敏锐、正直,是否能写出好的论文,是否能教好学生,是否遵守学术规范。在评奖的时候,他们不关心我是否是女性,只关心我的文章是否优秀。但在国内,别人会问我结婚了没,生孩子了没。听说我现在单身,也没有孩子,他们出于好意,会劝我尽快找个对象,早点生孩子。毕竟我也28岁了,年龄不小了,以后更难找对象,卵子质量也会下降。"

陆嫒嫒说:"小鹿姐姐,你不想找对象和生孩子吗?"

李呦呦说:"这不是问题的重点。重点是,他们不重视我的智力成就,反而更关注我的年龄、外表、婚育等因素。之前有一家公司想跟我合作,邀请我去录制视频节目。他们一定要用'美女博士'这个标签来定义我,我强烈要求删掉这个称呼,可他们依然没有改。"

陆媛媛说:"但事实上,小鹿姐姐你确实是美女,也确实是博士啊。"

李呦呦想了想,说:"我给你写个论证吧。"说完,李呦呦拿出笔记本电脑,开始打字:

> 1. 人不应该以自己不能控制的因素而自豪,应该以自己努力获得的成就而自豪。
>
> 2. 美貌很大程度上不是人自己能控制的,主要靠遗传以及生长发育,而是否拥有博士学位,是否创造出了有价值的作品,这是人能自己控制的。
>
> ———
>
> 因此,3. 我不应该为美貌而感到自豪,而应该为我努力创造出的有价值的东西而自豪。比如我写的那些论文,它们小小地推进了学术研究的进展。我写的科普文章,还有我制作的一些视频和音频节目,它们有传播知识的教育价值。

陆媛媛看着这个论证,觉得第一个理由有一点奇怪。她说:"如果人不应该因为那些不能控制的因素而感到自豪,那如果有人说,我是中国人,我很自豪,这话说得不对吗?"

李呦呦说:"第一个理由是一个规范性的命题,不是描述性的。的确有人会因为自己的国籍而感到自豪，甚至还有人因为自己的性别感到自豪，因为自己的父母或者祖先是谁而感到自豪。可能有人会说，因为我是男人，所以我很自豪。因为我是孔子的后代，所以我感到自豪。因为我是汉族人，所以我感到自豪。但实际上，这些都不是什么值得自豪的点。因为这些都是一个人一出生就有的，又不是努力获得的。"

陆媛媛说："那小鹿姐姐，你会因为自己是中国人而感到自豪吗？"

李呦呦摇摇头，说："我不会，就像我不会因为自己是女人而感到自豪，我也不会因为我是我爸妈的孩子而感到自豪。就算我爸妈做出了什么举世瞩目的成就，我也不会感到自豪。因为那不是我努力得来的，而是我爸妈努力得来的。我会为他们感到高兴，但我自己并不会因此而自豪。"

陆媛媛一时半会儿还不能接受李呦呦的说法，毕竟这不符合她以往的常识。她继续问："那别人夸奖你是美女，你会觉得高兴吗？"

李呦呦说："我会高兴。但我更希望他们夸我别的特点。"

陆媛媛说："什么特点？"

李呦呦说："这就太多了。比如我很喜欢学习，也很擅长学习。我的逻辑思维能力很强，而且也是个正直、勇敢、善良的人。我还很擅长把复杂的知识讲解得通俗易懂，让基础很差的学生也能掌握。"

陆媛媛问："小鹿姐姐，我属于基础很差的学生吗？"

第八章　辩论与探究：超人的存在对于社会是利大于弊还是弊大于利？

李呦呦说："你算不上特别强，但肯定也不是很差。不过，你的运气很好。"

陆媛媛问："运气很好？"

李呦呦说："你想，你出生在一个经济条件不差的家庭里，比起很多初中没有读完就要辍学打工的人来说，你已经很幸运了。你还是独生子女，没有弟弟。有些女孩子被父母当作赚钱工具，唯一的价值就是帮弟弟成家立业。你爸妈至少没有这么严重的重男轻女的思想。而且，你长得也很可爱。虽然有些人会因此而嫉妒你，但总体来说，你还是比长相平庸的人更受欢迎的。总之，很多你无法控制的因素，导致你现在过上了还算幸福的生活。这些无法控制的因素，就可以统称为运气。其实，我的很多成就也是靠运气，不是靠努力。"

陆媛媛："小鹿姐姐你已经很努力了，我看你天天都在读书和写作。至少比我强多了，我知道自己比较贪玩。"

李呦呦继续说："我长得也不错，也因此受到了很多优待。而且，我也很聪明，用心理学的话说，我的智商很高。智商很大部分靠遗传，因此这也不是我自己能控制的因素。而且，我爸妈也特别好，他们从不要求我做个优秀的女孩，而是期望我成为一个优秀的人。"

陆媛媛问："怎样才算是优秀的人呢？"

李呦呦突然想起最近看过的一本书。她很快就从床上找出了那本书，翻到特定的页码。陆媛媛看着那一页，上面写道——

251

在我看来，能称得上良师益友的人，往往有如下特质：

• 求知欲旺盛，有着终身学习的习惯。

• 谨慎小心，不会轻易陷入认知偏误或逻辑谬误等思维误区之中。

• 既谦虚又自信，对自己的优势和劣势都有清晰的认识。

• 真诚且不虚伪，重视真相或真理，哪怕真相不利于自己。

• 坚定且勇敢，不会因为面临阻碍甚至威胁就轻言放弃。

• 思想开放且公正，愿意了解新信息，哪怕这些新信息与自己已有的观念相冲突。

• 慷慨大方，乐意将自己的知识和经验分享给朋友，帮助朋友们成长。

如果一个人有上面这些特征，那么即便这个人脑子转得不够快，长相不够俊美，社会经济地位也不够高，他或她也能成为不可多得的良师益友。因为，用德性认识论的专业术语来讲，这些人就是有智慧的人。

第八章 辩论与探究：超人的存在对于社会是利大于弊还是弊大于利？

11月3日，星期四，晚上

放学回家后，陆媛媛一想到明天的辩论，就愁得吃不下饭。她想破头也想不明白，超人的存在对于社会来说，到底利大于弊还是弊大于利！

不过，陆媛媛转念一想，又不那么忧愁了。遇事不决，就找呦呦姐姐。她给李呦呦打了个电话，说明了情况。

李呦呦说："你到楼上来，我在陈谋家。"

李呦呦正在看陈谋打游戏，虽然她自己不会玩，但看得津津有味。等陆媛媛到了陈谋房里，这一局游戏也刚好结束，陈谋也来帮媛媛出谋划策。

陆媛媛焦急地问："小鹿姐姐，你说我要怎么做才能赢下明天的辩论呢？"

李呦呦慢条斯理地说："其实，我不太喜欢'辩论'这个说法，我更喜欢另一个词，'探究'。"

陈谋没有开始下一局游戏，他也加入了对话，问李呦呦："为什么？"

李呦呦说："'辩论'这个词，听起来就像战争。两军对垒，非要分出胜负，打个你死我活。这听起来太残酷、太暴力了。而且，战争的每一方都觉得真理站在自己这边，敌人那边是错误的。因此，每一方都觉得要防御好己方的弱点，重点进攻对方的薄弱之处，要将对方杀个片甲不留。"

陈谋说:"这很好啊,把别人的谬论驳斥得体无完肤,这不是件好事吗?"

李呦呦摇摇头,说:"但是,我们并不能确定自己相信的命题就是真理,别人相信的命题就是谬论。也许是我们搞错了,或者双方都搞错了。"

陆媛媛说:"好像是这么回事。"

李呦呦说:"所以说,'探究'这个词比'辩论'更好,它就像探查和研究,像刺激的冒险,需要招募队友一起合作前进,最终大家一起分享探究得来的成果。刚开始时,双方都不知道什么样的思想才是最合理的,什么样的行动才是最明智的。经过一段时间的合作,双方共同发现了真理,找出最明智的行动方案,而这对双方都有好处。"

陈谋说:"但是,即便是共同冒险的队友之间也会产生分歧,也会互相辩论吧?"

李呦呦点点头,说:"队友之间也会互相辩论,但队友的目标不是把另一个队友批得体无完肤,杀个片甲不留。"

陈谋思考了片刻,说:"这么说来,探究时,双方都是赢家。辩论时,双方必有一个输家和一个赢家。"

李呦呦说:"没错。**探究是求真,而辩论则是求胜**。探究者默认自己不知道真理,于是需要收集全面的信息,做出严谨的推理,试图发现真理。而辩论者认为自己已经知道了真理,接下来就是说服别人相信自己说的话就是真理。辩论者总是在用居高临下的态度对待对方,而探究者则是用平等合作的态度对待对方。"

辩论与探究

陈谋说:"呦呦姐,你上次提到了稻草人谬误。我们可以说,辩论的时候,人们更容易陷入**稻草人谬误,也就是把别人说出的论证解读成比较不合理的版本**。而探究的时候,人们更不容易陷入稻草人谬误。在探究的时候,我们更愿意将别人说出的论证解读成比较合理的版本。因为此时,别人不是对手而是队友。"

李呦呦说:"没错。**我们更容易以最坏的恶意来揣测对手,也更愿意用最好的善意来揣测队友。所以,我们要学会把那些反对我们的人,以及我们打算反对的人,都看作求真道路上的队友。**"

陈谋叹了口气,说:"这很难做到。"

李呦呦故意用老先生的语气说:"所以嘛,我们需要从小就养成探究的习惯,而不是只养成辩论的习惯。教育,要从娃娃抓起哦。"

陆媛媛还没有完全理解辩论和探究的差别,她问:"如果探究真的比辩论更好,那为什么学校里只有辩论社,没有探究社呢?"

逻辑女孩——论辩篇：我们是如何变得更聪明的？

辩论的时候，人们更容易陷入稻草人谬误，也就是把别人说出的论证解读成比较不合理的版本。

在探究的时候，我们更愿意将别人说出的论证解读成比较合理的版本。

所以，我们要学会把那些反对我们的人，以及我们打算反对的人，都看作求真道路上的队友。

第八章　辩论与探究：超人的存在对于社会是利大于弊还是弊大于利？

李呦呦想起了中学生辩论的场景，她说："我并不是说探究比辩论更好。探究比辩论更好，这是一个价值类命题。价值类命题是关于人类的目标的命题，所以我们在思考价值类问题时，总是要先问，我们要考虑的是哪些人类？你们学校有多少个学生？"

陆媛媛说："每个年级大概有 800 个学生。三个年级，一共就是 2400 个学生。"

李呦呦说："那我们就要去问，对于这 2400 个学生来说，究竟是探究社更好，还是辩论社更好。这些学生想要达到的目标是什么？"

陆媛媛摇摇头，表示不知道。

陈谋回想起自己的高中时代，说："高中生有很多目标。大家想好好学习，增长知识。还想认识朋友，收获友谊。总之，他们想度过三年快乐又充实的时光，为将来做好准备，无论将来是读大学还是直接工作。"

李呦呦说："接下来，我们就要去调查，看看是探究社更能帮助中学生达到这些目标，还是辩论社更能帮助中学生达到这些目标。而且，我们还要考虑建立不同社团的成本问题。就算探究社收益更高，但说不定成本也更高呢。"

陆媛媛眼瞅着话题就要跑偏了，赶忙说："先不管探究社和辩论社的问题了。大师姐，二师兄，快来帮我想想超人的那个辩论题吧。"

李呦呦说："超人的存在对于社会是利大于弊还是弊大于利，团子，你觉得这是个什么类型的问题？"

257

辩题： 超人的存在对于社会是利大于弊还是弊大于利？

陆媛媛说："这是个价值类的问题。"

李呦呦问："我们该怎么回答价值类问题？"

陆媛媛说："我们要先回答这个价值类问题包含的事实类问题和语义类问题，最后才能回答这个价值类问题。"

李呦呦说："那关于超人的这个价值类问题，包含什么事实类问题？"

陆媛媛歪着头，说："我想不到啦。"

陈谋说："要回答超人是利大于弊还是弊大于利这个问题，我们肯定要先回答，超人到底会给人类社会带来什么影响？然后我们再去思考，这些影响中，哪些是好的影响，哪些是坏的影响？最后我们再去思考，究竟是好的影响更大，还是坏的影响更大？"

陆媛媛看过一部超人电影，说："超人肯定会飞来飞去，满世界到处救人。有人被救了，这显然是好的影响。我想不到超人还会带来什么别的影响了。"

李呦呦说："陈谋说得很对。我们要先调查，超人是个什么样的人？他会给人类社会带来什么影响？"

陆媛媛问:"怎么调查啊?"

李呦呦说:"让我们玩个游戏。假设有一个组织,就叫超能力者和超自然现象调查组。我们是这个组织的三个调查员。我们这次的任务就是调查超人,了解超人的方方面面。"

陈谋说:"超人是虚构的角色。现实世界里不存在超人。我们怎么调查他?"

李呦呦说:"我们要调查各种包含超人的虚构作品——小说、漫画、动画、电影、电视剧等。从这些虚构作品中,我们可以了解,超人的成长经历是什么样的?超人做过哪些事情?超人有着什么样的社会关系?超人有着哪些超能力?超人是个什么性格的人?超人的世界观、人生观和价值观是什么?基于对超人的了解,我们还可以合理地推测,超人未来会做什么事情?超人遇到 X 情况,会不会做出 Y 行为?"

陆媛媛问:"好啊,那我们怎么开始?先一起看超人电影吗?"

李呦呦说:"放心,以后有机会看电影。这次我们先找专业人士帮忙。在做任何事情的时候,如果能找到专业人士帮忙,那就能事半功倍。"

陆媛媛没想到这种事情也能求助专业人士,问:"调查超人也有专业人士吗?"

李呦呦说:"几乎任何领域都有专业人士。我有一个朋友,他特别喜欢超人、蝙蝠侠、神奇女侠这样的超级英雄。我们可以给他打个电话,请他给我们介绍一下超人的方方面面。"

陆媛媛说:"好呀,那快打电话吧。"

李呦呦拿出手机,给一位朋友发送了语音通话邀请。几秒钟后,通话接通了,李呦呦随即说:"安迪,好久不见,你现在有空吗?"

安迪说:"呦呦,真是很久没联系了。我现在有空。什么事?另外,你还好吗?"

李呦呦说:"我挺好的。我现在在家里,有两个朋友陪着我。陈谋,媛媛,你们俩和安迪打个招呼。他是我在国外读书时的同学。"

陈谋说:"你好,安迪。我叫陈谋。"

陆媛媛说:"你好,安迪哥哥。我叫陆媛媛。你汉语说得真好。"

安迪说:"陈谋,陆媛媛,你们好呀。谢谢你的夸奖。"

陈谋说:"你不在中国?那你那里现在是几点钟啊?我们这里现在是八点半。"

安迪说:"我这里也是八点半,不过是上午八点半。"

李呦呦说:"安迪,这次我们联系你,是要请你来当顾问。"

安迪来了兴致,说:"哦?什么顾问?"

李呦呦说:"媛媛明天要参加一个小辩论赛,辩论题目是,超人的存在对于社会是利大于弊还是弊大于利。但我们三个人都不太了解超人,所以就要向你咨询关于超人的各种情报了。"

安迪自信地说:"没问题。你们想要了解哪些情报?"

李呦呦说:"先跟我们说说超人的成长经历吧。"

安迪说:"不同的作者描绘的超人故事并不完全相同。我给你们讲讲最主流的设定吧。超人的本名叫凯·艾尔,他出生在一颗叫作氪星的星球。他的生父叫乔·艾尔,生母叫拉娜,两人都是科学家。他们发现氪星快要爆炸了,于是就将还是婴儿的凯·艾尔用一艘小飞船送到了地球。这艘飞船落到了美国的一块农田里,农田的主人是肯特夫妇,他们俩刚好没有孩子,于是就收养了凯·艾尔,还给他取名为克拉克·肯特。"

陆媛媛问:"氪星为什么会爆炸呢?"

安迪说:"这个有不同的设定。有些故事里说的是因为资源开采过度而爆炸,有些设定成了因为小行星撞击而爆炸,还有些则没有说原因。"

李呦呦问:"那超人后来怎么样了?"

安迪说:"肯特夫妇是淳朴善良的农民,他们把小超人养大,并教会超人控制自己的超能力。受养父母的影响,超人长大以后,决定用自己的超能力来帮助人类。他后来离开了长大的小镇子,去到大都市里,在一家报社当记者,还与另一位叫露易丝·莱恩的记者相恋了。除了露易丝之外,别人都不知道他是超人,只当他是克拉克·肯特,一个新手记者。"

陆媛媛问:"超人有哪些超能力啊?"

安迪对此可是如数家珍,说:"超人的力气非常大,举起一座大楼都没有问题。超人的速度还非常快,还会飞。超人的视力、听力、嗅觉等各种感知觉能力都特别强。一些故事里甚至说，超人能听见地球上任何一个人说话的声音。超人的视线还可以穿过不透明的墙壁，除非墙壁上有铅板。超人的眼睛还可以发射出像激光一样的高温射线，杀伤力特别大。超人还可以呼出冷气，一瞬间就能冻住一段河流。超人的身体也几乎是刀枪不入的。在一些故事中，超人还具备超强的智力，可以在很短的时间内学会大量知识和技能，破解各种难题。"

陆媛媛问："超人这么厉害？那岂不是无敌了。"

安迪说："超人也是有弱点的。一种叫氪石的矿物可以削弱超人的超能力，甚至可以杀死超人。而且，超人的能量来源是太阳。如果把他困在黑暗中，时间一长，他就没有足够的能量使用超能力了。而且，超人的物理防御力虽然很强，但他没有魔法防御力。如果别人用魔法攻击他，他也会受伤。"

陈谋说："如果没有氪石和魔法的话，超人就几乎无敌。普通人也没有能力把他困在黑暗中。如果他想做坏事，那基本上没有人能阻止他。"

安迪说："在一些故事里就有邪恶版的超人。超人用自己的超能力为非作歹，普通人的确拿他没办法。还有一些故事里，超人本来是善良的，但后来被别人用魔法控制了心智，也成了恶人的帮凶。"

陆媛媛说："那超人做过什么好事呢？"

安迪说："这就太多了。超人会去扑灭火灾，将地震中的灾民带往安全地带。他能托起有故障的飞机、轮船、火车、潜艇。他还能制止各种犯罪活动。总之，超人会在各种天灾人祸中救人。超人也会惩治恶人。"

陈谋问："那超人的存在对于人类社会可能有什么坏处吗？"

安迪说："这是个很深刻的问题。我得花时间想想，才好回答你。"

李呦呦说："好的。媛媛，你觉得超人可能给人类社会带来什么坏处？"

陆媛媛此时更了解超人了，说："如果超人突然变坏了，那对普通人来说就是灭顶之灾。"

陈谋说："超人可以利用自己的超能力来奴役普通人。他可以把所有地球人都变成自己的奴隶。他可以看谁不顺眼就杀了谁。甚至，超人也可以杀掉所有地球人，甚至破坏整个地球。反正他还可以去别的星球。"

李呦呦说："那你们觉得超人有多大的可能性变坏呢？或者说，你们觉得超人在什么情况下会变坏？"

陆媛媛想到了一个可怕的场景，说："如果有人害死了超人的所有亲朋好友，超人可能会悲痛欲绝。复仇的念头会冲昏他的头脑，让他变成杀人不眨眼的魔头。"

陈谋点点头，说："媛媛说得对。如果超人觉得人类不值得自己保护，那他就不会再保护人类了。"

李呦呦对着手机问道："超人最初为什么觉得人类值得保护呢，安迪？"

安迪说:"这是受他养父母的影响。他的养父母教会他爱地球上的所有人。所以,即便他看到许多人性的黑暗面,依然还愿意保护人类。"

李呦呦说:"假设地球人联合起来,害死了超人的养父母,甚至也害死了他的女友露易丝。那么超人会恨地球人吗?"

安迪说:"我不确定。也许会吧。"

李呦呦说:"假设地球人冤枉了超人,把善良的超人当成了无恶不作的坏人,那超人会因为感到委屈而不再保护地球人了吗?"

安迪说:"大概率不会。如果是年幼时或者青少年时期的超人,也许他会因为这种事情而不再惩恶行善。但如果是成熟期的超人,他不会仅仅因为受了委屈就放弃自己多年来践行的理念。他的养父,乔纳森·肯特,因为救人而失去了生命。而他的养母也是一位善良且富有爱心的人。肯特夫妇养大的超人,不会这么轻易就动摇的。再说了,他行善的目标本来就不是为了名声。所以,即便他失去了好名声,也依然会行善。"

李呦呦突然说:"超人能不能和地球人生下有超能力的孩子?"

安迪不知道李呦呦为什么突然问这个,他说:"有些故事中的设定是,超人无法和地球人生育后代,毕竟超人和地球人不是同一个物种。但有些故事中设定成超人和露易丝有了孩子,孩子也可能具备超能力。"

李呦呦说:"如果这样的话,那不确定性就增加了。即便克拉克·肯特不会变成反社会的邪恶超人,但说不定超人的后代会堕入恶道。如果地球上出现越来越多像超人这样的超能力者,那么出现反社会的超人的可能性也就越来越大了。有些超能力者可能天生就没有同理心。有的超能力者则因为后天的文化环境而变成了残忍、无情的人。如果未来出现一个以残害他人为乐的超人，那后果不堪设想。"

安迪说："一些作品也探讨了这个主题。即便是明君的后代也可能变成暴君。所以，许多人认为，一开始就不应该有独裁者，应该建立起权力制衡机制。超人的好朋友蝙蝠侠就制订了计划来应对超人背叛人类的可能性。蝙蝠侠甚至还制订了计划来应对自己将来有一天背叛人类的可能性。"

陆媛媛说："蝙蝠侠真厉害。他有什么超能力吗？"

安迪说："蝙蝠侠没有超能力。不过蝙蝠侠很有钱，他身上有很多高科技装备。而且蝙蝠侠很聪明，他的心思特别缜密，观察能力和推理能力都非常强。他有一个很响亮的称号——世界上最伟大的侦探。所以说，他远超普通人的智力也可以算作超能力。"

李呦呦朝着陆媛媛摆摆手，说："不要提到别的超级英雄，那样安迪就完全停不下来了。我们说回到超人。好超人可以把人类社会建设得更加美好。坏超人也可以把人类社会彻底破坏掉。就算善良的肯特夫妇养大的超人不会变坏，超人的子孙后代也可能变坏。"

陈谋说："破坏要比建设容易得多。一个好超人耗费几十年建造的美好社会，一个坏超人也许只要几秒钟就可以破坏得一干二净。"

李呦呦问："超人会不会衰老？我是想问，如果超人一直无条件地帮

265

助人类，那人类会不会渐渐依赖超人，渐渐不注意保护自己的安全。而当有一天，超人突然不在时，人类社会会不会出现一段时期的混乱？"

安迪说："有些故事中的设定是会衰老，有些设定成不会衰老。"

陈谋理解了李呦呦的意思，他说："呦呦姐，你是想说，如果人类平时都在依赖超人来拯救，那么人类就会更加冒险？比如，假设我是在核电站负责安全检查的工作人员，我知道如果核电站出了事故，超人一定会来救我们，甚至还能替我们摆平事故，那我就更可能在工作时不那么认真。是这个意思吗？"

李呦呦说："没错，我就是这个意思。"

陆媛媛也想到了一种超人可能带来的坏处，说："我也想到了一点。一些人会不会盲目地崇拜超人？他们会不会把超人当成有求必应的神灵？假设真的有这么一个有求必应的神灵，那我也不想努力学习了。如果只要拜一拜超人就能让我拥有超级智力，我才不要辛苦读书呢。"

安迪说："的确。在现实中，如果我们想生活在一个美好的社会中，我们每个人都需要努力。但是，如果我们过度依赖某个人或某些人，那我们就会忘了自己的责任。"

李呦呦说："没错。康德表达过类似的意思。如果我们总是依赖他人的指导，依靠他人来替我们做出决定，那我们就无法脱离蒙昧的状态。在没有超人之前，天下兴亡，人人有责。在有了超人之后，一些人可能会觉得，天下兴亡，关我何事？他们会认为，惩恶扬善只是超人的责任。但他们不知道，其实每个人都有义务成为更聪明勇敢的自己，都有义务让自己身处的人类社会变得更加美好。"

安迪说："是啊。在现实中，我们需要每一个人都成为一个小超人。但如果社会中真的有超人那样的超能力者，人们就会不再认为自己有必要成为小超人了。在超能力者面前，我们会觉得自己是渺小的、无关紧要的。我们会认为自己的所作所为都不重要了。毕竟世界上真的存在举足轻重的超能力者。"

陈谋说："如果真的有超人，我觉得至少我不会这么想。也许是因为，我本来就不觉得自己的所作所为有多重要。我更想过好自己的小日子。建设美好社会什么的，感觉离我还很远。"

李呦呦说："中国的儒家思想里有格物、致知、诚意、正心、修身、齐家、治国、平天下这八条。我们也许更倾向于先做好自己，再经营好自己的家庭，然后再去考虑建设社会的事情。"

陆媛媛问："假设现在真的出现超人，我们会怎么做呢？"

陈谋说："我可能不会有什么变化。之前怎么样，之后还是怎么样。"

安迪说："我是有点担心的。虽然超人能给人类社会带来很多好处，但他的能力太强大了。他就像一颗行走的超级核武器，一旦爆炸，地球上的所有人都无法幸免。我可能会想办法先确保人类掌握足够多的氪石。总得有人做最坏的打算。"

李呦呦说："我会倾向于做最好的打算。安迪会考虑如何最小化超人对于人类社会的坏处。而我则会去想,该如何最大化超人对于人类社会的好处。"

陆媛媛问:"超人不是已经在救人于危难了吗?"

李呦呦说:"这还不够。人类社会还有很多要处理的问题——气候变化,人口老龄化,性别平等,人权问题,消除贫困,控制传染病,减少战争与冲突,供给足够的粮食和淡水资源,开发清洁能源。总之,要让所有人都能幸福地生活在这颗星球上,我们还有无数事情要做。超人既然有远超常人的智力和体力,他也许能发挥更大的作用。超人有能力阻止飞机坠毁,也许他也有能力研发出更好的药品、发电机甚至人工智能系统。"

陈谋说:"我现在更能理解安迪说的话了。这个世界的确需要很多小超人。也许超人并不妨碍我们成为小超人,反而会促使我们成为小超人。因为超人可以成为我们的榜样,激励更多人效仿超人,成为小超人。"

安迪也想到了一种超人可能带来的坏处,他说:"也有这种可能。超人的存在或许会让一些人失去自信心,毕竟与超人相比,自己太弱小了。但超人的存在也许会让另一些人增强自信心,因为超人让我们看到了一个聚集诸多美好品质于一身的人。我们就算无法学会飞行,无法学会用眼睛发射出高温射线,我们还是可以学会像超人那样勇敢和善良。"

李呦呦说:"榜样的力量确实很强大。**榜样可以引领我们不断前进,让我们更加自信,对未来更有希望,减少迷茫感和不确定性。**

第八章　辩论与探究：超人的存在对于社会是利大于弊还是弊大于利？

陆嫒嫒说:"呦呦姐,你的榜样是谁?"

李呦呦说:"我有很多榜样。亚里士多德是我们逍遥学派共同的榜样。柏拉图是亚里士多德的老师,他也是我的榜样。苏格拉底则是柏拉图的老师,他也是我的榜样。不只是古希腊,各个时代都有我的榜样。"

陆嫒嫒说:"古希腊离我太远了。我现在就把呦呦姐当作我的榜样,向呦呦姐学习。"

李呦呦说:"那你二师兄呢?"

陆嫒嫒说:"二师兄也是我的榜样。二师兄,你的榜样是谁啊?"

陈谋说:"在科学领域中,达尔文是我的榜样。如果是游戏领域,那我的榜样可多了。"

陆嫒嫒对着手机问:"安迪哥哥,你的榜样是谁啊?"

安迪说:"超人和蝙蝠侠都可以算是我的榜样,虽然他们都是虚构角色。"

陆嫒嫒说:"我突然想到一个问题。超人的榜样是谁呢?"

安迪说:"超人的养父和养母,可以算作超人的榜样。不过,超人和普通地球人太不一样了。超人需要走一条独属于自己的道路,他很难参考人类榜样走过的路。"

李呦呦说:"其实每个人也都是独一无二的个体。所以,每个人在参考别的榜样的同时，也需要想想自己要怎么做才能走一条独属于自己的道路。"

陆媛媛说："这算一个策略类问题吧？"

李呦呦说："没错。这是一个我们都需要思考的策略类问题。"

安迪说："呦呦，陈谋，媛媛，我这边突然有别的事情要处理了。要不我先挂了？媛媛，祝你明天在辩论赛上，走出一条独属于自己的道路。"

陆媛媛说："谢谢安迪哥哥，安迪哥哥，再见。"

安迪说："下次再聊，大家再见。"

李呦呦说："团子，关于超人的存在对于社会是利大于弊还是弊大于利，你有什么想法了吗？"

陆媛媛说："原先我没什么想法。现在我有太多想法。总之，我还是不知道这个问题的答案。"

陈谋说："我把咱们今晚的讨论录了下来。等会我把录音文件发给你，你可以重复听听。"

陆媛媛说："谢谢二师兄。二师兄最贴心了。喵~"

李呦呦说："授人以鱼不如授人以渔，我们不能替你去辩论，但我们可以给你提供一些辩论策略。我们也不能替你去探究，但我们可以作为你的队友，和你一起去探究。现在，我们三人作为超能力者和超自然现象调查组的调查员，已经对超人做出详细的调查了。团子，就由你来写一个调查报告吧。"

陆嫒嫒点点头,说:"好,我来写个超人调查报告。"

李呦呦说:"等你写好调查报告,就算是整理好了自己的思路。明天辩论时,无论你是抽签到正方还是反方,你都会更加得心应手。"

陆嫒嫒:"我明白了。我现在更有信心了。谢谢大师姐和二师兄。"

第九章
反思与成长：
我们是如何变得更聪明的？

11月7日，星期一，中午

海方今天非常高兴。上周五，他和陆媛媛一起作为正方，辩赢了武珊珊和林琴强强组合而成的反方。中午时，他带着陆媛媛一起去吃豪华版的蛋炒饭，庆祝一下。

海方说："陆媛媛，你上周真厉害，居然好几次都辩得武珊珊和林琴哑口无言。她们俩也输得心服口服。连旁听的许谨言社长也对你赞不绝口。要不是因为我口腔溃疡，说话不那么方便，我们肯定能大胜而归。"

陆媛媛可不这么想，她觉得无论海方有没有口腔溃疡都一样，因为他基本上就是在拖后腿。但她觉得，人生已经如此艰难了，有些事情就不要拆穿了。于是，她说："并不都是我的功劳。进辩论社的第一天我就跟你说了，我有一个好老师。"

海方问："哪个好老师？"

陆媛媛说:"她叫李呦呦,住在我家隔壁,比我大 12 岁。她可是博士,最近才回国没多久。"

海方说:"博士?哪个领域的博士?"

陆媛媛想了想,说:"好像是哲学博士。"

海方问:"那她是个什么样的人啊?"

听海方问起李呦呦的事,陆媛媛把伸到嘴边的勺子放下了,她说:"呦呦姐是一个有智慧的人。她很爱读书,家里的书柜上就有好几千本书。而且不是那种小说类的故事书,是各个领域的书。不光是物理、化学、生物、地理、语文、数学、英语这些,还有语言学、心理学、哲学、经济学、社会学、历史学、计算机科学等各方面的书。"

海方一边吃一边说:"真佩服她。我这辈子都读不了这么多书。"

陆媛媛说:"呦呦姐还是个很谦虚的人。她已经很聪明、很博学了,但她一直说自己还不够聪明、不够博学。她一直在学习更多新东西。有时候如果我问到一些她也不确定答案的问题,她就会带着我一起上网搜索学术文献。我之前都没有搜过学术文献,是她教会我如何从网络上找到高质量的参考资料。"

海方无奈地说:"唉,我爸妈连电脑都不让我用,更别说查找学术文献了。"

陆媛媛接着说:"最重要的是,她对我很好,很有耐心。有时候,我自己都说不清楚自己的想法，但她却能替我说清楚。当我自己都不知道需要学习什么知识时，她却知道。她的记忆力也特别强。她经常能从书架上找到一本书，翻到相应的页码，告诉我应该读一读哪几个自然段。虽然我偶尔还读不太懂，但听她再举几个例子解释之后，我就差不多懂了。"

海方说："她这么厉害啊。你们俩怎么认识的？"

陆媛媛自豪地说："从小就认识。我小时候还和她睡过同一个被窝呢。小时候我就知道她是个又温柔又漂亮的大姐姐。现在我才知道，她是个又温柔又漂亮又有智慧的大姐姐。我们还一起做了播客，也就是一个录音节目。你可以上网订阅这个节目，是完全免费的，叫"逍遥学派的散步时间"。光是录播客的这段时间，我就从她那里学到了很多知识。没有录音的时候，我们还会一边出门散步，一边讨论各个学科的知识。不仅有趣，而且很有用。总之，我建议你也去找个好老师。有好老师手把手教，比自己像个无头苍蝇一样胡乱摸索，要强太多了。"

海方笑着说："我没法上网。而且，这么好的老师，陆媛媛你可不能独占。我也要这样的好老师，快把呦呦姐交出来。"

陆媛媛摆了摆手，说："呦呦姐可是我的，你要去找别人才行。而且，做任何事情都是有机会成本的。机会成本这个知识点也是呦呦姐教我的。做甲事的机会成本就是本来可以做乙事获得的收益。呦呦姐已经花时间来教我了，她没那么多空闲时间来教你了。"

海方说:"那我去哪里找好老师?你这个建议真是不实用。"

陆媛媛说:"这就要你自己想办法了。不过,呦呦姐跟我说,我们的老师除了可以是人,还可以是书本,或者别的任何东西。网络上的音频、视频节目也可以是我们的老师。凡是值得我们学习的知识,都是我们的老师。"

海方快吃完了,他放下勺子,说:"那你来教我吧。你这段时间里都学到了什么知识?"

陆媛媛拿起了勺子,说:"太多了。我都想不到该从哪里说了。"

海方说:"就从辩论开始说吧。哪些知识让你赢得了上周五的辩论赛?"

陆媛媛一边吃一边说:"最核心的知识点就是'论证'这两个字。"

海方说:"论证?"

陆媛媛说:"论证就像一个积木塔,塔尖是结论,其他积木就是理由。理由支撑着结论。"

海方说:"然后呢?论证这个积木塔有什么用?"

陆媛媛说:"太有用了。你现在是怎么判断某一个结论是否合理的?"

海方想了想,说:"我主要是看说出那个结论的人是不是大牛。如果那个人很厉害,那么那个人说的结论就很可能是合理的。"

逻辑女孩——论辩篇：我们是如何变得更聪明的？

你怎么判断一个结论是否合理？

我主要是看说出那个结论的人是不是大牛。

你这是一种对人不对事的策略。这种策略是下策。上策是分析和评价支持那个结论的论证。

陆嫒嫒说:"呦呦姐说了,你这是一种对人不对事的策略。这种策略是下策。上策是分析和评价支持那个结论的论证,也就是分析和评价那个积木塔。如果那个论证是好的论证,那么好的论证的结论通常是合理的结论。如果论证不是好的论证,虽然不能说明结论就不合理,但至少意味着,我们可以对结论保持怀疑态度,既不要完全相信,也不要完全不信。"

海方说:"我怎么知道一个论证是不是好的论证呢?"

陆嫒嫒伸出两根手指,说:"一个好的论证要满足两个条件,一个条件叫论证有效性,另一个条件叫理由真实性。理由真实性就是说,理由都是可信的。论证有效性就是说,如果理由都是可信的,那么结论就是可信的。"

海方说:"能不能举几个例子?"

陆嫒嫒想了想,说:"我先举一个好的论证的例子——

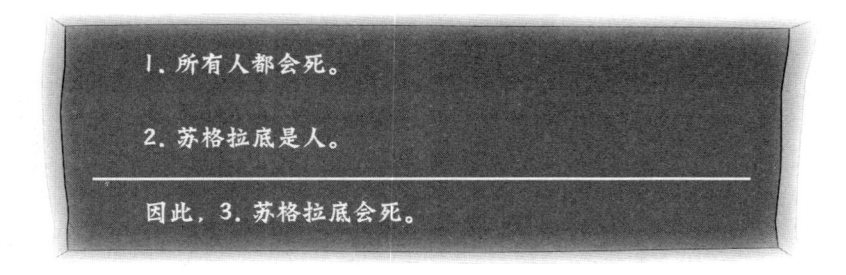

> 1. 所有人都会死。
>
> 2. 苏格拉底是人。
> ———
> 因此,3. 苏格拉底会死。

再举一个不满足论证有效性这个条件的坏论证的例子——

> 1. 所有人都会死。
>
> 2. 苏格拉底会死。
> ――――――――――――――
> 因此，3. 苏格拉底是人。

再举一个不满足理由真实性这个条件的坏论证的例子——

> 1. 所有人都会死。
>
> 2. 这块石头是人。
> ――――――――――――――
> 因此，3. 这块石头会死。

你明白了吗？"

海方摇摇头，说："不是很明白。"

陆媛媛摊了摊手，说："还是下次让呦呦姐教你吧。我水平还不够，说不清楚这些知识点。"

海方连忙摆手，说："别啊，你继续，再说说别的。"

陆媛媛想了想，说："还有一个很有用的知识点，那就是把问题分成四个类型，语义类问题、事实类问题、价值类问题、策略类问题。我们上周五的辩论题目就是个价值类的问题。"

海方说:"哦?那我怎么知道一个问题是哪一类的问题呢?"

陆媛媛说:"语义类问题就是追问语言的意思。事实类问题就是追问到底发生了什么事情。价值类问题就是追问什么东西更加重要。策略类问题就是问应该采取什么策略来做事情。"

海方似懂非懂,他问:"那把问题分为这四类,有什么用呢?"

陆媛媛说:"不同的问题需要用不同的方式来给出答案。如果没有用对方式,那就无法给出好的答案。"

海方问:"那这四类问题分别要用什么方式来给出答案呢?"

陆媛媛摸了摸后脑勺,说:"我有点忘了。等我下次找出我抄的笔记本,再跟你说要用什么方式来回答这四类问题。"

海方好奇为何陆媛媛不说自己"做的"笔记,反而说"抄的"笔记,他问:"抄的笔记?"

陆媛媛说:"住在我家楼上的另一个哥哥,叫陈谋。我们三个一起在做"逍遥学派的散步时间"这个播客节目。我就是抄的他做的笔记。"

海方说:"好吧。那你还有什么心得体会?"

陆媛媛说:"有很多。比如,学习非常重要,要努力读书才行。"

海方说:"这我早就知道了。学如逆水行舟,不进则退。大家都这么说。这是老生常谈了。"

陆媛媛说:"那你知道,哪些知识更值得学吗?要怎么学吗?"

海方摇了摇头,说:"我确实没想过哪些知识更值得学的问题。"

陆媛媛说:"我以前也没有想过。但我现在知道,逻辑学很值得学。数学和英语也都很值得学。"

海方说:"为什么?"

陆媛媛说:"因为逻辑学能让我们更擅长推理,而几乎一切智力活动都会用到推理。而且,逻辑学和数学很相似,所以学好数学可以为学习逻辑学打个基础。学英语则是为了方便我们了解英文资料。如果不懂英文,就无法利用好这些资料。要想做出好的推理,光有逻辑学还不够,还需要大量各个领域的知识。要是懂英语的话,就可以了解那些以英语表达的各个领域的知识。"

海方好像下定了决心,他说:"看来我也要努力学习数学和英语了。不能只是为了通过考试而学习。"

陆媛媛拍了拍海方的肩膀,说:"呦呦姐还给我打了很好的比方。她说,**我们的人生就像由无数个选择题组成的一场考试。这场考试是开卷考试,而不是闭卷考试。我们可以花几十年去参加这场考试,而不是限时两个小时。人生处处也都是考场。而且考场里的人也并不全是我们的竞争对手,还有很多队友。我们可以找别人组队一起答题。**"

海方问:"那这场考试考的是什么呢?"

陆媛媛说:"考察我们做出明智的选择和行动的能力。"

第九章 反思与成长：我们是如何变得更聪明的？

后记

读者朋友，你好。我是李万中。在本书的末尾，我想和你聊一聊这个故事之外的故事。

在我 16 岁时，并没有遇到一位 28 岁博学多才的大姐姐，也没有遇到一位 22 岁的哥哥。那时的我和大多数高中生一样，并不确定自己的未来会是什么样子。当时我还没有完全意识到逻辑学、批判性思维、信息素养等知识和技能的重要性。

现在，我已经 29 岁了。全职从事批判性思维的教育工作，也已经有六七年了。我已经确定这就是我热爱的事业——通过写作、翻译、组织读书会、开发并讲授课程，帮助越来越多的人养成终身学习的习惯，提升大家的逻辑思考能力。

本书就是我的工作成果之一。我写的其他书更像教材，而这本书则受到结城浩的《数学女孩》和殷海光的《逻辑新引》的启发，选择了对话体的形式。

我喜欢对话，喜欢与学生、老师、朋友甚至陌生网友们对话。因为对话让几个独立的灵魂，借助语言的桥梁，触碰到彼此的思想和情感。正是对话，让我们不再孤单，也不再狭隘。我相信，李呦呦、陈谋、陆媛媛也因为对话而成长了许多。

李呦呦、陈谋、陆媛媛三人的故事并未就此完结。从时间上看，这只是某一年的9月到11月之间的故事，陆媛媛的高一上学期还没有结束，陈谋还没有找到自己心仪的工作，李呦呦的事业也才刚刚起步。

也许，你和他们有着相似的烦恼。希望他们之间的对话也能帮到你，让你成为一个更好学，更聪明，更擅长做出明智的选择和行动的人。

致谢

就本书的诞生，我要感谢许多人。

我要感谢阳志平老师，他给了我很多鼓励、支持和宝贵的建议。我还要感谢李影老师，她的努力让本书从粗胚变成了成品。

本书还有两位插画作者，她们的工作成果令本书更有趣了。其中一位是我的老朋友阿澈（刘恬媛），她总是不厌其烦地根据我的想法来修改草图，感谢她的耐心。

我还要感谢这些师友：刘雨溪、董毓、谢小庆、李牧川、李晓煦、吴妍、谢犁、郭兆凡、郭鑫悦、史秀雄以及一些我没能记住姓名的朋友。我的许多读者、学员和客户，他们购买了我提供的产品和服务，客观上为我提供了经济上的支持。

当然，我还要感谢我的家人，尤其是我的父母：李玉龙和赵丽芳。没有他们，自然也就不会有我。

虽然听起来很奇怪，但你能拿到这本书，确实需要数百万人甚至更多人的合作。植树、造纸、印刷、排版、物流、通信、建筑以及粮食生产和文化传播，各行各业的人都参与了进来。还有那些已经逝去的人，他们也为人类文明的累积性发展做出了巨大的贡献。而这些人当中的绝大多数，你我都不知道其姓名。我知道亚里士多德的名字，但我不知道亚里士多德的母亲叫什么名字，我也不知道为亚里士多德提供食物和住所的农民、工人叫什么名字。

人类文明的发展，并不只是由那些知名的大人物推动的，而是由无数没能在历史书上留下名字的人共同实现的。

我很感激这无数人，哪怕我不知道他们是谁。我也想谢谢你，读到这段文字的人。我希望本书能多多少少增强你的逻辑力量。我还希望你能把这份逻辑力量，也传递给别人。我相信，这能让整个人类社会变得更加美好，哪怕只有一点点。

参考文献与推荐阅读

按照惯例，创作一部知识类的作品，应该注明参考文献，以便让读者看到，作者站在了哪些巨人的肩膀上。本书虽然偏科普，属于大众读物而非学术著作，但也是知识类的作品，我也照例为你介绍那些巨人们的作品。

首先是古希腊哲学家柏拉图，他创作的对话录，影响了后世所有人。中译本可以选择2018年人民出版社出版的《柏拉图全集》。

还有亚里士多德。他是柏拉图的学生，被誉为"逻辑学之父"。中译本建议选择中国人民大学出版社的《亚里士多德全集》。

现代的一阶谓词逻辑系统已经完全超越了亚里士多德在2000多年前给出的系统。如果你感兴趣，任选一本流行的当代教科书就行。我比较喜欢王路的《逻辑基础》，2019年由高等教育出版社出版。

在逻辑学领域，道格拉斯·沃尔顿是对我影响最大的人之一，他的作品非常值得读。比如，*Fundamentals of Critical Argumentation*（剑桥大学出版社，2005 年出版）、*Informal Logic*（剑桥大学出版社，2008 年出版）、*Methods of Argumentation*（剑桥大学出版社，2013 年出版）、*Argument Evaluation and Evidence*（施普林格出版社，2015 年出版）。除此之外，大卫·希区柯克的 *On Reasoning and Argument*（施普林格出版社，2017 年出版）和 *Definition*（温莎大学出版社，2021 年出版）也很值得参考。

关于人类推理能力的起源，法国学者雨果·梅西耶和丹·斯珀伯提出了一种大胆但又极具说服力的理论。他们 2017 年的重要著作 *The Enigma of Reason* 也有中译本，2019 年由中信出版社出版，名为《理性之谜》。

本书简单提及了价值判断，我后续会写一本专门讨论伦理学的书。读者现在可以参考穆勒的《功利主义》（中译本可选 2019 年商务印书馆出的版本），康德的《道德形而上学的奠基》（中译本可选中国人民大学出版社的《康德著作全集（第 4 卷）》以及罗尔斯的《正义论》（中译本可选 2009 年中国社会科学出版社出的版本）。除此之外，读者还可以读一读《伦理学与生活》这本广受好评的伦理学教材，作者是雅克·蒂洛和基思·克拉斯曼，中译本最新版 2020 年由四川人民出版社出版。

关于常见的论证模式和逻辑谬误，道格拉斯·沃尔顿对于"论证模式"（Argumentation Schemes）的研究是不容错过的，可阅读其 2008 年与人合著的同名书籍，此书暂无中译本。中文书可以参考武宏志的《论证型式》，2013年由中国社会科学出版社出版。

本书或许会勾起你对辩论的兴趣。如果你想再读一本更详细的辩论学教材，我推荐《批判性思维与沟通》（作者是爱德华·英奇和克里斯顿·都铎），中译本2018年由上海人民出版社出版。

关于对话，我还特别喜欢堪称通才的英国学者肯尼思·宾默尔于2021年出版的一本对话体作品，暂无中译本。原书名为 *Imaginary philosophical dialogues: between sages down the ages*，我将书名译作《千古圣哲对话录：想象中的思想盛宴》。

如果你对我这个作者感兴趣，还可以读一读我的其他作品，比如《思维的利剑》（清华大学出版社，2017年出版）和《逻辑学的语言》（机械工业出版社，2023年出版）。

以上都是成体系的书籍，至于论文，那就太多、太细碎了。作为一本面向大众的图书，这里就不一一列出了。如果你对逻辑学、认识论、心理学、批判性思维等领域的某些具体的话题感兴趣，想读一些不容错过的经典或者时下热门的前沿文献，可以给我发邮件：18611459531@163.com